AF882053

Nicholas Thomas

Hors du temps

Histoire et évolutionnisme dans le discours anthropologique

SOCIO-HISTOIRES

Collection dirigée
par Gérard Noiriel et Michel Offerlé

Hors du temps
Histoire et évolutionnisme dans le discours anthropologique

Nicholas Thomas

Traduit de l'anglais
par Michel Naepels

CEDIAS
BIBLIOTHÈQUE
MUSÉE SOCIAL

BELIN

53307

Carte p. 52 : Coredoc.

Le code de la propriété intellectuelle n'autorise que «les copies ou reproductions strictement réservées à l'usage privé du copiste et non destinées à une utilisation collective» [article L. 122-5] ; il autorise également les courtes citations effectuées dans un but d'exemple ou d'illustration. En revanche «toute représentation ou reproduction intégrale ou partielle, sans le consentement de l'auteur ou de ses ayants droit ou ayants cause, est illicite» [article L. 122-4].
La loi 95-4 du 3 janvier 1994 a confié au C.F.C. (Centre français de l'exploitation du droit de copie, 20, rue des Grands Augustins, 75006 Paris), l'exclusivité de la gestion du droit de reprographie. Toute photocopie d'œuvres protégées, executée sans son accord préalable, constitue une contrefaçon sanctionnée par les articles 425 et suivants du Code pénal.

Titre original : *Out of time, History and evolution in anthropological discourse*
© 1989 by Nicholas Thomas, published by The University of Michigan Press.

© Éditions Belin, 1998 ISSN 1270-914X ISBN 2-7011-**2363**-1

Avant-propos

L'analyse épistémologique décapante et impertinente que propose ici Nicholas Thomas se présente comme une critique radicale de l'anthropologie classique. Thomas fait grief à l'anthropologie d'oublier la temporalité en se donnant pour objet des structures ou des systèmes atemporels, alors même qu'au moment où les ethnologues font leurs observations, les sociétés qu'ils examinent ont déjà été largement modifiées par leurs contacts (coloniaux ou non) avec l'Occident et sont, quoi qu'il arrive, engagées dans une ou plusieurs histoires. En évacuant la dimension processuelle des phénomènes sociaux, l'anthropologie privilégie les « structures » et se voit incapable de traiter de ce qu'elle observe, à savoir des situations sociales et des conjonctures dans lesquelles des sujets agissent. En réponse à ces critiques, Thomas invite à surmonter la dissociation pesante de l'anthropologie et de l'histoire. Seront alors utilement abandonnés les modèles théoriques simples (le structuralisme, le fonctionnalisme et toutes les formes dissimulées d'évolutionnisme) au profit d'analyses plus complexes et dynamiques de la pratique.

Thomas donne dans ce livre quelques exemples du type d'analyses qu'on peut produire à partir de cette option théorique. Toutefois, les développements empiriques sont plus présents dans son ouvrage portant sur les Marquises, *Marquesan societies* (dont il résume quelques aspects dans le chapitre 5 de ce livre), ou dans *Entangled objects*[1] où il analyse les relations entre Européens et Océaniens à partir de la circulation effective des objets, en s'intéressant de manière pragmatique plus à leurs usages quotidiens qu'à leur valeur magique ou esthétique. La disparition de certains objets traditionnels et l'incorporation d'objets manufacturés ou industriels dans les sociétés océaniennes n'apparaissent plus alors comme la marque de l'effondrement ou de la dislocation de ces sociétés mais témoignent plutôt d'une situation hybride, intriquée, qu'il faut analyser historiquement dans toutes ses ramifications.

On ne saurait trop insister sur la salubrité des critiques que porte Nicholas Thomas – comme en leur temps Leach et Goody – au regard de l'anthropologie française, tant l'idée qu'il peut y avoir une anthropologie « hors du temps », traitant d'ordres symboliques immuables ou intemporels, y demeure fortement implantée. Il est vrai qu'une anthropologie du changement social est apparue dans le sillage des travaux de Georges Balandier, mais elle n'a sans doute pas transformé le cœur même de la discipline, la définition de son objet : l'analyse du changement social reste encore trop souvent le dernier chapitre de monographies qui visent toujours la description de systèmes traditionnels stables. On sait d'ailleurs les difficultés que Balandier a rencontrées pour être reconnu par ses pairs comme anthropologue et pour faire admettre le concept de « situation coloniale ».

Thomas n'est pas l'un de ces post-modernes qui jettent l'objet de l'anthropologie avec l'eau du bain déconstructionniste. Il n'est pas non plus un empiriste naïf. Son travail épistémologique est directement productif, en ce qu'il permet de construire de nouveaux objets d'enquête et de réflexion tout en offrant les moyens méthodologiques de les analyser. On se demandera simplement si l'anthropologie historique qu'il appelle de ses vœux ne pourrait pas aussi déboucher sur une anthropologie du contemporain qui tiendrait compte de l'histoire dans son analyse des situations sociales actuelles, sans pour autant cesser de donner à l'enquête de terrain ethnographique une place centrale dans la définition du savoir anthropologique. Si le temps de référence des analyses de Thomas est le passé, l'anthropologie n'a-t-elle pas aussi les moyens d'historiciser le présent ?

Alban Bensa et Michel Naepels

À Margaret Jolly

Je sens la terre bouger sous mes pieds
Je sens l'écroulement l'écroulement
Einstein sur la plage (1976)

Remerciements

Même si j'ai écrit l'essentiel de ce livre à Cambridge pendant le premier semestre de 1987, les idées qui y apparaissent ont été élaborées sur une longue période. Mes dettes à l'égard de collègues, d'étudiants, d'amis et d'autres auteurs sont aussi nombreuses que les conversations et les lectures qui ont eu une influence, fût-elle marginale, sur les questions débattues ici. Pour leurs conseils et leurs commentaires sur les versions antérieures de mon texte, je suis particulièrement reconnaissant à Pascal Boyer, John Dunn, Johannes Fabian, Anthony Giddens, Chris Gregory, Caroline Humphrey, Roger Keesing et Tanya Luhrmann ; je remercie Niel Gunson pour tout ce qu'il m'a appris sur l'histoire du Pacifique ; je suis aussi reconnaissant au King's College de m'avoir procuré un environnement qui m'a permis d'écrire ce livre. Je dois plus qu'il m'est possible de dire à l'aide intellectuelle et aux encouragements de Margaret Jolly. J'adresse aussi des remerciements particuliers à Anna Jolly, qui m'a aidé à garder confiance.

Introduction

Les anthropologues et les autres spécialistes des sciences sociales ont souvent tenté de combler l'écart qui sépare l'étude accomplie par l'histoire du changement dans le temps et l'analyse sociologique ou anthropologique de systèmes sociaux pris à un moment donné – celle-ci les ayant en fait fréquemment conduit hors de toute temporalité. Bien qu'une science sociale anhistorique soit fondamentalement erronée – tout comme l'est une démarche historique négligeant les propriétés structurales des phénomènes culturels et sociaux –, cela fait peu de temps que ces tentatives ont porté quelque fruit. Les anthropologues ont essayé d'introduire une perspective historique dans leurs travaux ou même commencé à écrire des œuvres historiques, et les historiens ont utilisé certains concepts sociologiques ou anthropologiques. Ces tendances n'ont pas encore eu leur répercussion la plus forte : les intérêts centraux de certaines orientations théoriques s'en sont trouvés transformés, mais d'autres manifestent ce qu'un critique récent de Roy Wagner a qualifié « d'indifférence réfléchie à l'égard des intérêts renouvelés de l'anthropologie pour la pratique et l'histoire (au sens classique du terme) » (Foster 1987 : 155). On pourrait certes affirmer qu'une part importante de l'anthropologie historique récente s'est installée avec ravissement dans une perspective peu classique. Mais l'essentiel est précisément ici le refus du maintien d'une séparation entre une pratique « historique » distincte et l'anthropologie, quelle que soit la définition qu'on donne de cette dernière. Il n'y a certainement aucune théorie unifiée des systèmes sociaux ou culturels en histoire.

Pourtant, dans la mesure où la vie moderne entraîne des changements considérables tout en mettant en branle des systèmes aussi manifestement intrusifs que l'économie mondiale (par exemple), des tentatives pour intégrer ces différents types de savoirs pourraient bien être considérées comme centrales pour une meilleure connaissance de notre situation contemporaine.

L'intérêt croissant accordé à la conjonction de l'histoire et de l'anthropologie a suscité relativement peu de débats sur la raison précise pour laquelle l'anthropologie était, et dans une certaine mesure continue à être, anhistorique. Ce livre traite de ce que signifie pour les textes anthropologiques et les discussions comparatives que d'être « hors du temps ». Ne pas aborder cette question ne peut conduire qu'à reproduire silencieusement les faiblesses des travaux antérieurs, alors même qu'il est manifeste que l'histoire n'est souvent introduite que pour mieux en minorer l'importance. L'histoire n'a pas été négligée par inadvertance mais pour des raisons conceptuelles et discursives complexes. Seule une analyse des conditions d'une écriture anthropologique qui place son propos hors du temps peut nous permettre de surmonter ces préventions.

En essayant de décrire, de critiquer et de dépasser les conventions et les modes de représentation d'une discipline « hors du temps », j'aurai recours dans ce qui suit à un collage polémique – polémique en ce sens qu'il appelle à une reconstruction plutôt qu'à une simple révision des sciences sociales (et de l'anthropologie en particulier) ; et collage en ce sens que j'essayerai d'atteindre ces objectifs en inscrivant mon propos sur plusieurs registres. J'ai assemblé pêle-mêle une critique épistémologique, une réflexion sur la théorie évolutionniste, un réexamen du contenu de l'anthropologie de la Polynésie et une discussion de l'histoire des idées anthropologiques portant sur l'Océanie. En ce qui concerne ce dernier aspect de mon travail, je ne cherche pas à apporter une contribution à l'histoire des idées pour elle-même ; je présenterai simplement quelques arguments qui sont liés aux objectifs de ma critique.

Au cas où l'on penserait que cette construction enchevêtrée résulte simplement du désir espiègle de déstabiliser les catégories dominantes, je souhaite insister sur le fait que ces analyses fondamentalement distinctes en genre sont réunies précisément parce que l'une des lignes principales de mon argumentation consiste à dire qu'elles sont en fait reliées les unes aux autres bien au-delà de ce qui est habituellement reconnu. Ma démonstration ne vise pas seulement à prouver cette affirmation, mais aussi à établir qu'elle est lourde de conséquences. J'examinerai le cas d'idées historiques et évolutionnistes – celles-là étant actuellement l'objet de nombreux débats en anthropologie, alors que celles-ci occupent une position qui me semble cruciale dans la logique de la discipline, même si cela n'est guère apparent. Je proposerai tout à la fois des reformulations des théories historiques et évolutionnistes. Dans ce contexte, la discussion épistémologique revêt une signification singulière : il s'agit moins de proposer une argumentation générale illustrée par des exemples que d'aborder un ensemble de questions liées au problème plus précis de la révision de certaines constructions anthropologiques – ce qui, pour boucler la boucle, est une autre façon d'affirmer le haut degré d'enchevêtrement évoqué plus haut. Mon projet n'est ni strictement épistémologique ni strictement analytique : il s'agit plutôt de démontrer, au moyen de la critique du discours anthropologique portant sur la Polynésie, que la définition d'une perspective plus satisfaisante pour l'anthropologie ne peut avoir lieu sans un ensemble de déplacements théoriques et interprétatifs dans des ordres de réalité apparemment distincts. On pourrait d'ailleurs mesurer la valeur d'une critique ou d'une révision qui semble spécifique ou purement théorique à ce qu'elle suscite dans d'autres contextes plutôt qu'à ses implications immédiates.

Il peut être utile de montrer dès le début la différence qui sépare mon travail d'un ensemble d'autres productions anthropologiques récentes relatives à l'épistémologie et à l'orientation de la discipline. Celles-ci insistent en général sur des perspectives subjectives, ainsi que sur le savoir de l'ethnographe et sur la façon dont celui-ci le produit. Tout se passe comme si tous les problèmes étaient liés à l'expérience de terrain, aux procédures d'enquête et aux interprétations qui naissent de la soi-disant « écriture » de l'expérience de terrain (p. ex. Clifford et Marcus 1986, Marcus et Fischer 1986, Borofsky 1987). Cette dimension est certainement importante, et je souhaite moi aussi mettre l'accent sur le fait que « les genres littéraire et universitaire s'interpénètrent » (Clifford 1986 : 2), mais ma préoccupation porte sur la lecture plutôt que sur la fabrication des textes anthropologiques ; et sur les discours, les théories et les catégories de l'anthropologie tels qu'ils sont mis en œuvre dans la pratique ethnographique et dans l'interprétation, plutôt que sur la formation des unités élémentaires de la connaissance ethnographique. L'anthropologie ne se réduit pas à l'ethnographie ; en fait, les significations qu'on peut associer aux monographies ethnographiques reposent sur des schèmes plus larges et sur certaines façons de classer les sociétés, et résultent des polémiques qui ont suscité de l'intérêt pour des projets particuliers à un moment donné. Les travaux anthropologiques sont d'ailleurs constamment tentés par l'étude comparative, la synthèse, le réexamen interne à la discipline aussi bien que par des desseins marginaux tels que la contextualisation des objets de musée et par un ensemble d'usages « à la mode » bien déterminés. À ce niveau d'analyse, les textes anthropologiques doivent être vus comme un ensemble de productions culturelles ; le savoir de l'ethnographe individuel cesse alors d'être l'échelle appropriée pour une discussion critique.

Deux propositions sur ce que ce livre n'est pas : d'abord, il ne comprend pas d'études de cas qui illustreraient de façon détaillée l'approche proposée de l'évolutionnisme et de l'histoire. Les discussions sur le matériau océanien sont simplement illustratives (même si elles résultent pour une part d'analyses plus développées publiées ailleurs). Un lecteur qui estime que nulle présentation partielle d'une monographie détaillée ne peut être probante demeurera bien évidemment dubitatif ; simplement, le format de ma discussion de l'histoire de la Polynésie est adapté à la nécessité de travailler à partir d'un exemple étudié selon des perspectives variables. Ensuite, je ne traite pas de questions spécifiquement en rapport avec la connaissance historique ou avec la constitution de « l'ethno-histoire » en tant que sous-discipline, telles que la relation entre la vision indigène de l'histoire et les constructions historiques des savants européens. Ce sont des questions d'une importance considérable dans de nombreuses parties du Pacifique et de l'Afrique, entre autres lieux, mais leur examen requerrait une discussion détaillée de la politique du savoir dans telle ou telle région, alors qu'elles ne sont que marginalement en rapport avec les questions plus générales que j'examine ici. J'aimerais en tout cas écarter l'idée que l'objet de ce travail est « l'ethno-histoire », c'est-à-dire un recouvrement marginal de l'histoire et de l'anthropologie qui pourrait avoir lieu de bien des manières sans aucune implication particulière pour le cœur de chacune de ces disciplines. Mon but, que je crois être aussi celui de nombreux autres auteurs, est de parvenir à une conjonction plus conséquente de l'histoire et de l'anthropologie, qui transformerait, plutôt qu'elle relierait simplement, chacune des deux pratiques ; comme Cohn l'a observé, il s'agit de créer « non seulement [...] une nouvelle spécialité, non seulement [...] les moyens par lesquels de plus nombreux traits d'union pourraient relier l'histoire et l'anthropologie, mais aussi [...] les moyens par lesquels une épistémologie et un objet commun aux deux disciplines pourraient être redéfinis » (1980 : 216).

Je me suis abstenu d'une discussion étendue sur la définition de termes tels que « évolution » ou « histoire » parce que j'estime que les significations des concepts résident dans les usages qu'on en fait dans les textes, plutôt que dans des déclarations d'auteurs qui peuvent n'avoir qu'un faible rapport avec l'organisation de leurs écrits. Il y a bien sûr un rapport conflictuel entre les caractérisations classiques – pour lesquelles l'histoire est une succession empirique d'événements alors que l'évolution renvoie à un développement progressif – et l'émergence de nouvelles significations dans une analyse plus satisfaisante du changement conçu comme processuel et systémique, sans qu'il faille lui donner une orientation ni l'abolir. De ce fait, il y a d'indéniables déplacements dans les définitions implicites que je manipulerai ici – mais précisément le cœur de mon argument consiste en une modification de la signification de certains concepts. Je ne vais pas essayer de compliquer encore plus ce travail en m'engageant dans une auto-analyse de « l'écriture » de ce livre. Pourtant, je peux prévenir certaines critiques en faisant remarquer que j'utilise le terme histoire pour désigner les événements et les processus sociaux plutôt que la connaissance de tels événements et processus. Il faut poser les questions sociologiques et épistémologiques relatives à la tradition et à la représentation des événements et des actions, mais elles soulèvent des problèmes qui sont sensiblement distincts des questions théoriques et substantielles relatives à la causalité historique qui me préoccupent ici[1].

Cette distinction paraîtra dénuée de sens à ceux qui estiment que les événements passés n'ont aucune influence sur une situation sociale ou un ordre culturel à moins qu'ils ne soient perçus et représentés par les acteurs concernés, c'est-à-dire à moins qu'ils ne constituent une partie de ce qui est reconnu comme une « histoire » pertinente. Le pas théorique qui consiste à égaler toute l'histoire avec l'histoire telle qu'elle est perçue peut être considéré comme une réaction contre la thèse positiviste intransigeante qui insiste sur le fait que l'histoire objective de la société s'élabore à partir d'événements passés réels, par un processus qui ne peut être restitué que plus ou moins imparfaitement par un récit historique. La position positiviste négligeait le fait que les récits historiques sont produits, que les descriptions particulières utilisent des codes culturels, sous-entendent des programmes politiques et imposent différents types de métaphores narratives – en bref, qu'ils sont tout sauf des représentations « fidèles » ou non-problématiques. Remarquer que l'histoire est écrite et rejeter la préoccupation positiviste d'atteindre une image exhaustive (et de ce fait inaccessible) du passé ne devrait pourtant pas nous mener à ne rien étudier hors des représentations de l'histoire ou à affirmer sans cesse qu'il n'y a pas de réalité hors de ces représentations. La précision des images sociales de soi est souvent fonction du contexte qu'elles expriment et médiatisent, et les facteurs qui déterminent une vision du monde particulière sont fréquemment dissimulés ou effacés par cette vision elle-même. Il est ainsi parfois nécessaire de faire référence à des événements qui ne sont pas nécessairement pris en compte sérieusement par la population considérée. Il faut donc mettre en question ces conceptions – car si nous ne pensons pas que nos propres cultures et idéologies nationales doivent être acceptées sans critique, il semblerait étrange d'accorder ce privilège aux représentations des autres peuples.

En me concentrant sur les aspects théoriques de la relation entre histoire et anthropologie, je n'aborde pas, bien sûr, un terrain neuf. Les problèmes les plus importants de la relation entre différents types de modélisation des systèmes sociaux ou culturels sont apparus suffisamment souvent dans l'histoire de la théorie sociologique. Giddens (1979, 1981), par exemple, a récemment insisté sur la nécessité de situer les pratiques et les relations sociales à la fois dans le temps existentiel et dans la longue durée.

> *« Les institutions sont des pratiques qui "s'étendent" sur de vastes distances d'espace et de temps dans la reproduction des systèmes sociaux. Les pratiques structurelles des systèmes sociaux "relient" la temporalité de la* durée* *du monde de la vie quotidienne à la* longue durée* *des institutions, par l'intermédiaire du champ fini de l'existence de l'être humain individuel. »* (1981 : 28).

On peut trouver une accentuation théorique parallèle, quoi que plus spécifique, dans les paragraphes initiaux de l'influent essai

* En français dans le texte.

programmatique de Bourdieu sur la théorie de la pratique, qui démontrait le caractère atemporel des perspectives structuralistes sur la notion de don (1972 : 221-227). Le fait que la temporalité doive être vue comme constitutive des systèmes sociaux et culturels, plutôt que marginale, est de ce fait bien établi à un niveau général, mais il y a eu étonnamment peu de débats sur le type de temporalité qui devrait devenir dominant dans l'analyse sociale, et une prise en compte étonnamment faible des différents genres de pratiques intellectuelles desquels dépendrait une approche plus intégrée (mais cf. Cohn 1980 : 220-221). Les transformations à un niveau général de la constitution temporelle (et spatiale) de formes sociales particulières constituent le centre d'intérêt premier de Giddens ; il a mis l'accent, par exemple, sur le fait que le capitalisme repose sur la distinction du temps en tant que dimension abstraite et marchande et du temps en tant que substance de l'expérience vécue (1981 : 130-131). Cette perspective souligne la spécificité des cultures qui opposent l'existence conçue comme état au flot extérieur des événements. Mais l'analyse effectuée dans l'ordre de la théorie sociologique ne permet pas pour autant de rendre apparente la constitution historique de formes sociales particulières ou d'énoncés singuliers. Tel n'est d'ailleurs pas le propos de la théorie sociologique ; mais de ce fait, on doit explorer des procédures d'analyse à un autre niveau si l'on veut effectivement introduire dans les monographies les implications de propositions théoriques telles que celle de Giddens. La plus grande part de la critique du fonctionnalisme, du structuralisme et de certains autres paradigmes a porté sur l'aspect intemporel de ces approches ; et de même, je ferai référence au statut ambigu ou marginal du temps en divers endroits des critiques que je développe. Cela étant dit, l'objet principal de ma critique est plus spécifique : il s'agit de l'absence du temps historique et de la négation explicite ou implicite de l'idée que l'histoire a un effet constitutif dans la situation sociale qu'on examine. Il est ainsi possible de faire marginalement référence à l'histoire ou au « contexte historique » (comme dans l'étude de Wagner [1986] sur les Barok de Nouvelle-Irlande), ou de tenir partiellement compte de processus temporels dans l'analyse (p. ex. Munn 1986), sans que le moindre intérêt soit pour autant porté à la signification des processus historiques dans le système examiné.

De nombreuses écoles historiques, et notamment l'École des *Annales*, se sont orientées vers une histoire « sociologique » d'un certain type ; des historiens tels que Keith Thomas (1971) et Norman Cohn (1970) ont fréquemment fait référence à des analyses anthropologiques de phénomènes tels que la sorcellerie et les mouvements millénaristes. Il faut pourtant reconnaître que de tels emprunts, comme ceux qui ont caractérisé les débats sur la rationalité en philosophie et en anthropologie, n'ont nullement présidé à une intégration sérieuse des méthodes ou des théories. Des problèmes historiques particuliers ont pu être éclairés et des analyses ethnographiques de sociétés d'autrefois ont pu être jugées valables mais une séparation radicale a persisté entre les récits analysant le changement et les transformations historiques, et les présentations systémiques pour lesquelles le changement demeurait périphérique.

Des anthropologues aussi influents que Evans-Pritchard (1962[2]) et Lévi-Strauss (1958) ont publié, il y a de nombreuses années, des articles bien connus qui se sont étendus sur les aspects négatifs de l'exclusion de l'histoire en anthropologie, et ils ont suscité quelques discussions, principalement à l'intérieur de l'anthropologie sociale britannique (p. ex. Lewis (éd.) 1968) – parce que l' « histoire » de type diffusionniste n'avait jamais été exclue de l'anthropologie américaine avec une vigueur équivalente. Mais pour ce qui concerne la discipline, il faut remarquer que ces critiques ont eu un très faible impact sur le cœur de la discussion anthropologique – qui a continué à s'occuper d'analyse ethnographique, c'est-à-dire de l'exploration systématique mais non-historique des problèmes du rituel, de l'économie, de la parenté, de la politique, etc. (ce qui ne veut pas dire que nulle étude anthropologique historique de valeur n'ait été produite, mais plutôt qu'aucune n'a été identifiée comme une œuvre anthropologique canonique). Dans le cas de l'article de Lévi-Strauss, on peut même défendre l'idée que ses propositions admirables n'ont trouvé aucune traduction dans ses propres œuvres majeures. Cela même suggère qu'il existe des problèmes fondamentaux que ces auteurs ont négligé.

L'anthropologie est perméable et entretient des rapports avec des disciplines aussi diverses que la géographie, l'esthétique, l'archéologie, la philosophie et l'histoire. De ce fait, il y a eu toutes sortes « d'ethno-histoires », de travaux d'anthropologie historique et d'études historiques influencées par la théorie anthropologique. Il y a tout un ensemble de travaux qui semblent chercher à lier l'histoire et l'anthropologie mais la plupart d'entre eux ne surmontent pas les limitations des paradigmes anhistoriques classiques. Certaines études utilisent simplement des matériaux d'une période passée pour analyser synchroniquement un système social ou culturel. C'est alors un ensemble de sources d'archives, au lieu d'un ensemble d'observations de terrain, qui est placé hors du temps (p. ex. Evans-Pritchard 1949, Valeri 1985, cf. Bloch 1987, Geertz 1980). D'autres travaux ajoutent beaucoup à notre connaissance des perceptions indigènes de l'histoire ou de la tradition mais n'historicisent pas les perceptions indigènes elles-mêmes : le contexte organisateur de ces études, et ce à quoi les auteurs rapportent leur interprétation, demeure une culture atemporelle plutôt qu'un processus historique (p. ex. Borofsky 1987, Parmentier 1987). Le contexte historique est souvent mentionné d'une façon marginale ou introductive sans avoir de place discursive ou de rôle analytique véritable (cf. Thomas 1992b). Toutefois, certaines études offrent des reconstructions plus profondes de la culture dans l'histoire et définissent véritablement leurs objets comme les produits de processus historiques. L'étude de Gewertz sur les relations de sexe, le commerce et la construction de la hiérarchie dans le système régional du Sépik (1983) en fournit un bon exemple, tout comme l'analyse que propose Moore de l'évolution du droit « coutumier » des Chagga. L'étude de Comaroff *Le corps du pouvoir, l'esprit de résistance* (1985) qui traite de l'élaboration de la cosmologie et du rituel des Barolong (Afrique du Sud) au XIXe et au XXe siècles surmonte la tendance des anthropologues à ne traiter, dans leurs descriptions de cultures anti-coloniales et de pratiques symboliques de résistance, que du pouvoir et des inégalités ou bien du sens et du symbolisme. Dans la mesure où mon but est d'intégrer dans la pensée anthropologique les processus temporels en général, et l'histoire coloniale en particulier, l'approche de Comaroff est voisine de celle que je propose ici (voir aussi Bloch 1986, Baré 1987, Fabian 1986, Fox 1977, Frankel 1986, Humphrey 1982, Rosaldo 1980, Wood 1982). D'autres travaux pourraient être cités, mais je veux simplement montrer que l'exercice que j'entreprends ici ne résulte pas d'un vide théorique, mais s'inscrit dans une vague de préoccupations dans les disciplines historique et anthropologique – qui dans certains cas trouve ses racines les plus profondes dans notre désir d'adapter le raffinement de nos analyses à l'actualité des crises politiques et économiques, et dans l'interdépendance des « observateurs » et des « observés » dans les situations d'inégalité coloniales (ou censément « post-coloniales »).

Je ne cherche toutefois pas seulement à articuler les prémisses de ces travaux récents d'anthropologie historique. De toute façon, plusieurs d'entre eux se préoccupent plus de problèmes locaux factuels que de la question de la compatibilité (ou de tout autre rapport) entre formes particulières du savoir. J'aimerais aussi montrer quels traits fondamentaux de la pratique et du style de l'anthropologie ont rendu une telle conjonction aussi problématique. Comme je l'ai écrit plus haut, traiter ce problème suppose de reconsidérer un certain nombre d'idées portant sur la « théorie » et les modèles épistémologiques généraux et quelques questions plus spécifiques telles que le statut des sources d'archives en anthropologie. Dans la mesure où un cadre évolutionniste explicite ou dissimulé a en général pris la place de « l'histoire » comme modèle chronologique en anthropologie, une réinstallation de l'histoire dans cette discipline dépend plus encore du réexamen des notions évolutionnistes qui sont utilisées dans la plupart des écrits actuels.

L'anthropologie est une discipline multiple et hétérogène. Des thèses qui sont hérétiques ou objets de dispute dans certaines perspectives ou pour certaines écoles sont presque axiomatiques pour d'autres. L'élaboration approfondie de certains points dans ce travail pourra de ce fait paraître souhaitable à certains lecteurs, alors qu'elle semblera ennuyeuse à d'autres. Il est clair toutefois qu'il n'existe absolument aucun consensus sur le fait que l'étude anthropologique de sociétés non-occidentales devrait s'intéresser aux interactions coloniales et à la façon dont elles ont donné naissance à des ordres symboliques aussi bien qu'à des relations économiques et sociales. Une telle proposition n'est sans doute pas souvent critiquée par les partisans d'autres perspectives théoriques, mais le fait que de nombreux anthropologues du symbolisme persistent à analyser des domaines de sens et de métaphore sans se référer au contexte historique révèle qu'une bataille théorique et idéologique est en train d'avoir lieu – peut-être plus souvent à l'échelle du débat personnel et de l'argumentation de séminaire qu'à un niveau éditorial. Ce livre cherche à synthétiser les positions d'une des parties en cause dans ce débat, sans pour autant suggérer que l'anthropologie symbolique est dénuée d'intérêt. En effet, un autre aspect de mon argumentation, comme je l'ai déjà dit, est que certaines de nos difficultés sont nées des métaphores qu'emploie l'anthropologie – ce qui revient à dire que l'anthropologie elle-même, comme discipline et comme discours, doit être analysée symboliquement. Je ne revendique pas une approche originale. Ma thèse est plutôt que si quelques positions récentes sont réunies – une certaine forme de critique culturelle, un certain type d'analyse socio-historique, la prise en compte de l'histoire (et de la préhistoire) de l'écriture anthropologique – alors une nouvelle manière de concevoir la discipline pourra voir le jour. Cette démarche n'est pas seulement plus consistante et plus englobante intellectuellement ; elle rapproche aussi nos efforts conceptuels des luttes et des expériences sociales qui nous entourent.

CEDIAS BIBLIOTHÈQUE MUSÉE SOCIAL

CHAPITRE 1

L'histoire et le discours anthropologique

À des anthropologies distinctes correspondent des objets de connaissance différents. Les « coutumes », les processus mentaux sauvages et les idées relatives à la magie qui ont préoccupé les premiers ethnologues s'insèrent dans un espace différent de celui que forment l'organisation sociale et le système culturel quasi-organique du fonctionnalisme. L'écart n'est pas moindre entre les processus écologiques du matérialisme culturel et les métaphores et ellipses de l'analyse du symbolisme. On ne peut pas faire croire qu'il existe quelque chose de bien défini qu'on appellerait la « culture humaine » et qui contiendrait des problèmes qui auraient simplement été abordés de différentes manières par différentes écoles anthropologiques. La chose dont on parle et les types d'interrogations qui importent naissent d'intérêts intellectuels et politiques. L'émergence d'une nouvelle problématique suscitera une redéfinition de l'objet et la révocation de certaines vieilles questions. Les problèmes sont abandonnés plus souvent qu'ils ne sont résolus. Les personnes qui mettent en branle des révisions ou des réorientations conceptuelles radicales pensent sans doute qu'elles vont donner naissance à des explications et à des interprétations – selon leurs préoccupations – plus complètes ou plus pertinentes (au bénéfice de la science pour les positivistes ou d'une meilleure compréhension pour les relativistes).

LA MARGINALISATION DE L'HISTOIRE

Ce qui suit est en partie un argumentaire pour une telle réorientation. Il existe de grandes divergences dans la théorie sociologique (telles que celles que j'ai évoquées plus haut), mais presque toutes les perspectives ont construit des objets d'étude qui sont indépendants du temps et en particulier du temps confus des événements et des ingérences. Dans de très nombreux cas, les processus temporels et historiques n'ont tout simplement été ni débattus ni pris en compte ; quand ce fut le cas, le temps et le changement ont été conçus comme secondaires par rapport à d'autres champs de relations ou à d'autres entités qui étaient mieux comprises dans des termes systémiques et non-temporels. La thèse développée ici est que les processus historiques et leurs effets font partie des systèmes sociaux et que les tentatives pour analyser les sociétés sans référence à l'histoire renferment à la fois des erreurs théoriques et des contresens sur les faits. L'erreur qui a consisté à prendre certains effets de la pénétration coloniale pour les éléments d'une « culture » intemporelle démontre très directement par l'exemple le lien existant entre des questions empiriques spécifiques et l'aveuglement profond du raisonnement anthropologique. Mais ce n'est qu'une des conséquences que peut avoir dans l'écriture anthropologique la combinaison d'une théorie anhistorique et de données empiriques bonnes ou mauvaises.

La critique ne peut se réduire à une « correction » de ces erreurs d'appréciation – de cette incapacité à distinguer des réalités récentes ou à faire apparaître des traditions inventées : « Nous considérions simplement les relations entre les sexes et les règles de résidence parmi les X comme des éléments de leur culture, mais maintenant nous savons qu'ils témoignent d'adaptations à une situation coloniale. » Une explication historique exige la révision de ce que nous avions compris ; mais elle soulève aussi des questions fondamentales relatives à la nature des objets classiques du débat anthropologique aussi bien qu'aux pratiques de recherche et d'écriture qui maintiennent ces objets d'étude dans la circulation intellectuelle. Aussi longtemps que le travail de terrain ethnographique demeurera obligatoire dans la carrière d'un anthropologue et le travail historique marginal, les tentatives pour modifier notre compréhension seront condamnées, dans la mesure où la façon dont on pense des objets naît de la façon dont on les appréhende. Certes, il est clair qu'il n'y a pas de nécessité absolue dans cette relation ; mais si la discipline continue à accorder un statut privilégié à la connaissance intime et complexe de régions limitées, on ne peut pas plus s'attendre à ce que les anthropologues revalorisent l'histoire qu'à ce que les spécialistes des inscriptions antiques mettent les sentiments dans l'interaction inter-personnelle au cœur de leurs travaux. Cette compréhension renouvelée est nécessaire non seulement parce que l'ethnographie a une pertinence limitée sur certaines questions (telles que le changement à long terme), mais aussi parce que l'élévation de la compréhension ethnographique individuelle (compréhension intuitive assez mystérieuse) au rang de principe de toute description satisfaisante a mis hors champ d'autres types de données[1].

De ce que je viens de dire, on peut déduire que je ne cherche pas simplement à affirmer que le temps, et plus spécifiquement l'histoire, sont « plus importants » que ce qu'on admet généralement. Cela a été dit suffisamment souvent, quoiqu'il n'en ait pas résulté de transformation du cœur de la pratique anthropologique[2]. Le problème est qu'une « perspective historique » ne peut pas simplement être ajoutée à l'anthropologie telle qu'elle est. Je prétends que cela reviendrait à reproduire l'opposition fondamentale entre la « société » (ou la « culture ») en tant qu'objet principal de connaissance, et quelque série ultérieure d'événements – qui de cette manière ne seraient pas directement liés aux propriétés internes du système considéré. L'objet de la discipline est un système ou une structure qui a un caractère ordonné précisément parce que la contingence et la temporalité en sont exclues. Cette opposition a été développée de la façon la plus radicale et la plus réfléchie par Lévi-Strauss (1962 : 311 n.) mais elle a une base beaucoup plus vaste dans l'histoire des sciences humaines et elle pourrait être considérée comme l'un des traits caractéristiques élémentaires du discours anthropologique. À une plus large échelle, cette séparation est perceptible dans l'écart qui sépare une histoire-récit qui est maintenant assez dépassée et les disciplines comme l'anthropologie et la sociologie – tout comme elle fut sensible lors de la fondation de l'anthropologie moderne, au moment de l'exclusion du diffusionnisme diachronique (ou de l'évolutionnisme) au profit d'une sociologie synchronique. Je montrerai dans le prochain chapitre que dans le travail de Radcliffe-Brown, il apparaît très clairement que les questionnements liés aux perspectives antérieures ont dû être exclus ou laissés de côté pour qu'un travail fécond puisse être mené le long de sentiers plus ou moins durkheimiens. L'anthropologie a parcouru un long chemin depuis Radcliffe-Brown mais continue (aux États-Unis comme en Grande-Bretagne) d'être constituée par le même genre d'exclusions. Une dichotomie est ainsi réapparue (et persiste) dans la scission entre les études de « l'acculturation » et du « changement social », et les analyses fonctionnalistes ou structuralistes de systèmes. L'incapacité d'un grand nombre de paradigmes anthropologiques traditionnels à intégrer l'histoire dans leurs préoccupations centrales se reflète dans le fait que les études du « changement social » associent toujours le changement avec les contacts avec les Européens ou avec une présence de type colonial : une opposition déterminée est ainsi maintenue entre d'une part une entité traditionnelle authentique plus ou moins unitaire de grande complexité et de grande richesse culturelle, et d'autre part l'intrusion relativement inintéressante et non-problématique de personnes telles que les missionnaires et les colons et d'innovations telles que les cultures de rente et les biens manufacturés de technologie européenne. Cette pénétration a des conséquences qui peuvent être examinées, mais qui demeurent secondaires par rapport à la culture conçue comme une réalité primordiale qui peut être comprise initialement sans référence à ces intrusions. C'est ce que Cohn a surnommé avec justesse la théorie du changement suscité « par le missionnaire voyageant en pirogue » (1980 : 199).

La logique des sociétés de petite taille, « tribales » ou périphériques, pourrait alternativement être vue comme s'interpénétrant de deux manières avec l'histoire coloniale : d'abord, on pourrait reconnaître que dans la mesure où l'ethnographe n'est pas le premier Européen sur les lieux, le changement extérieur a eu des conséquences internes antérieures à son arrivée. Ensuite, les propriétés structurales d'un système indigène local peuvent être conçues comme résultant d'évolutions qui lui sont propres et de son interaction avec les forces coloniales. Les différentes monographies portant sur des régions différentes ne constituent pas seulement des variations sur le thème de l'extension de l'influence coloniale ; leur diversité est aussi le produit des différences existant entre les systèmes sociaux qui ont été colonisés.

Cependant, dans la plupart des analyses, il y a une solution de continuité entre les événements apparemment aléatoires et désordonnés de l'histoire coloniale, et les processus antérieurs de changement « endogène » dont l'existence tend à ne pas être reconnue.

Même si aucun anthropologue ne dirait aujourd'hui que les sociétés traditionnelles étaient autrefois statiques, une telle vision des choses demeure en fait la prémisse de nombreux travaux anthropologiques et en particulier de ceux qui concernent les sociétés de chasseurs-collecteurs, dont on pense souvent d'une manière ou d'une autre qu'elles s'inscrivent dans la continuité des époques paléolithique et néolithique[3].

LA PERSISTANCE D'IDÉES DISCRÉDITÉES

Ces arguments généraux seront exposés de façon plus détaillée au moyen d'analyses de cas particuliers. On pourrait penser qu'une grande part de ce qui vient d'être dit s'applique surtout à des perspectives « dépassées » en anthropologie sociale, telles que le fonctionnalisme dont on sait bien qu'il a exclu l'histoire. Puisque nous savons tous que c'était une faiblesse, pourquoi s'ennuyer à discuter le problème en long et en large ? J'analyserai pourtant et critiquerai dans le détail une forme antérieure, pré-fonctionnaliste, d'anthropologie : le discours des traits culturels ou des « fragments et des morceaux », qui a émergé dans les musées au début de ce siècle – et ce discours paraîtra encore plus distant des préoccupations de l'anthropologie contemporaine. Mais on peut détecter d'étranges conceptions dans ces visions datées – tout comme l'élément formel de la représentation est plus frappant dans les photographies abîmées du XIXe siècle que dans les beaux instantanés d'hier. Qui plus est, nous pourrons établir des continuités que notre modernité cherche à dissimuler. De ce fait, une partie de mon argumentation dans les derniers chapitres de ce livre cherchera à établir que des théories récentes et apparemment sophistiquées – y compris celles qui essayent de tenir compte de l'histoire – ont échoué à écarter véritablement des idées qui sont discréditées dès lors qu'on les exprime. Tout le monde peut évoquer un contexte historique, mais cela signifie-t-il nécessairement que celui-ci animera vraiment l'analyse ? L'argument établi par Radcliffe-Brown (entre autres auteurs fonctionnalistes) pour justifier l'exclusion des processus événementiels n'est plus posé explicitement ou véhémentement. Mais dans la mesure où le concept d'une analyse anhistorique a été mis en œuvre dans la pratique de la discipline, peut-être une telle réaffirmation ne fut-elle tout simplement pas nécessaire. La critique intellectuelle doit bien sûr s'attacher à l'implicite aussi bien qu'à l'explicite.

Ma position quant au discours anthropologique est ainsi d'abord que les théories explicites et les prémisses affirmées n'ont pas le statut que les textes ou les procédures scientifiques aimeraient leur assigner. L'écriture ressemble à la politique, en ce sens que les raisons d'être implicites, les objectifs cachés, les classifications secrètes et de simples confusions y sont plus importantes que ce qu'un premier ministre ou un anthropologue prétendent être en train de faire. C'est de façon déguisée que les arguments mènent à leurs conclusions, tout comme les livres ne sont pas ce que leurs auteurs prétendent qu'ils sont. Ainsi, les métaphores issues de scandales politiques contemporains sont plus utiles dans notre épistémologie que ce que, par exemple, Karl Popper a écrit. En particulier, j'insisterai sur le fait que l'absence du concept d'« évolution » comme principe organisateur explicite dans la plus grande partie de l'anthropologie est relativement trompeuse. Le fait que la plupart des approches modernes aient soit activement répudié, soit passivement ignoré, soit simplement marginalisé l'histoire et les structures temporelles à long terme (qu'elles fussent évolutionnistes ou diffusionnistes) suggère fortement que certains schèmes évolutionnistes persistent de façon masquée : il y a, après tout, de bonnes raisons pour relier des événements et des situations particulières dans une chronologie structurante. De ce fait, le problème de l'histoire est lié à celui de l'évolutionnisme et aux traits les plus généraux du discours anthropologique.

Les continuités entre certaines perspectives modernes (telles que la théorie néo-marxiste des systèmes régionaux) et certaines façons de voir qui ont été abandonnées depuis longtemps (telles que la récitation sèche et guindée des attributs ethnographiques dans l'anthropologie de musée), peuvent sembler inattendues et demander une explication. Ici, la question de la nature des données et de la preuve en anthropologie apparaît cruciale. La notion empiriste de sens commun consiste à dire que les faits n'ont rien de commun avec la théorie, et en particulier que ceux-là ne dépendent certainement pas de celle-ci. Cette idée demeure présente dans la compréhension ordinaire et a des implications importantes dans des contextes tels que le journalisme, où le caractère motivé des différentes formes narratives n'est guère reconnu. Pourtant, cette idée a été largement remise en cause, même dans la philosophie des sciences dominante (p. ex. Lakatos et Musgrave 1970). Ce qui m'intéresse, ce sont moins les propositions générales portant sur des questions telles que l'ampleur de l'influence de la théorie sur l'observation scientifique que les formes particulières que peuvent prendre les « faits » en anthropologie, et les implications du fait que certaines choses sont tenues pour des « données » à l'exclusion d'autres. Je ferai ressortir la présence d'une plus grande part de « théorie » implicite dans les données que ce qu'affirment les représentations du sens commun. On peut illustrer brièvement ce point en faisant référence au travail de John Beattie sur le royaume africain de Bunyoro. L'une des méthodes d'enquête de Beattie consistait à organiser des concours d'essais pour les lettrés Nyoro sur des sujets ethnographiques tels que :

> « *4. Les relations "par alliance" (obuko) et les relations frère de mère-fils de sœur (obwihwa). Expliquer les significations de ces termes. En particulier, un beau-père manifeste-t-il du respect pour son gendre ?* [...] *Expliquer comment les frères de la mère d'un homme le considèrent et se comportent à son égard. Leur est-il permis d'être irrité contre lui ?* [...]
> *7. La sorcellerie. Dites tout ce que vous savez sur la sorcellerie.* [...] *Discutez* [...] *un cas particulier ;* [...] *le sorcier et sa victime étaient-ils parents, et si oui, quelle était leur relation de parenté ?* » (1965 : 33).

Le matériau ainsi produit n'est pas seulement biaisé en ce que la population n'a pas dû être représentée de façon juste parmi les compétiteurs, mais surtout – et c'est beaucoup plus important – parce qu'il a été façonné par les préoccupations spécifiques à une phase de l'anthropologie structuro-fonctionnaliste africaniste et revêt jusqu'à un certain point la forme d'une description anthropologique résultant par induction et généralisation du modèle employé. Pourtant, Beattie semble avoir considéré les documents ainsi produits comme des espèces de données brutes et a même soutenu l'affirmation étonnante que de tels textes permettaient à « la culture [...] de parler pour elle-même » (1965 : 30). C'est un cas extrême, mais des connexions comparables existent presque toujours sous une forme plus subtile. De nombreuses descriptions ethnographiques récentes et sophistiquées continuent à privilégier les mots ou les textes de quelques privilégiés, ou même d'un maître qui est chargé par l'ethnologue de l'énonciation de sa culture (p. ex. Parmentier 1987). De telles présentations ne s'appuient pas toujours exclusivement sur ce que pensent les membres de l'élite ; reste que les continuités unissant les représentations culturelles vécues par chacun à une élaboration intellectuelle nuancée demeurent trop fréquemment hypothétiques (cf. Keesing 1987). Des propositions très singulières demeurent ainsi chargées d'exprimer les propriétés d'entités beaucoup plus générales. Les méthodes de l'anthropologie culturelle se révèlent ainsi, à un niveau général, problématiques ; la créance accordée à des descriptions particulières repose sur une sorte de confiance généralisée dans la procédure qui permet de dériver des analyses à partir du travail de terrain plutôt que d'une évaluation de la façon dont sont élaborées les interprétations particulières.

Les spécialistes des sciences sociales peuvent bien reconnaître maintenant, dans le contexte de discussions épistémologiques, que les modèles de sens commun des procédures scientifiques et de la nature des données sont inadéquats ; mais l'examen de leurs pratiques révèle généralement que les faits et les hypothèses y apparaissent d'une façon qui ne reflète nulle épistémologie qui différerait du non-sens commun scientiste. Des « partis pris » spécifiques, qui sont censés biaiser la description ethnographique, sont souvent le point focal de critiques et de réinterprétations mais une séparation totale demeure cependant entre les corpus de données et les différents modèles proposés de méthodes et de pratiques de recherche.

Pour ce qui concerne les ruptures et les continuités dans la pensée anthropologique, cela veut dire que le contenu interprétatif des anciens systèmes de données est totalement ignoré ou n'est utilisé que très partiellement. Dans la mesure où des faits d'un genre particulier tels que les descriptions ethnographiques produites par les musées étaient portés par une pratique intellectuelle spécifique, l'utilisation de matériaux dérivés de telles études dans les travaux anthropologiques récents est susceptible d'introduire à notre insu des notions associées à la vision du monde de l'anthropologie de musée. Une idée du même ordre était aussi présente dans le refus des anthropologues de s'appuyer sur les sources missionnaires qui ont fourni le paradigme des descriptions non professionnelles « biaisées ». D'une façon diffuse et implicite, les idées imputées aux missionnaires étaient censées avoir contaminé leurs observations.

Exclure de telles sources revient à refuser de lire les journaux parce qu'on sait que leurs propriétaires ont une vision du monde spécifique qui transparaît dans le choix des sujets traités. Bien évidemment, les journaux sont lus par de nombreuses personnes qui réalisent au moins que ceux-ci reflètent la vision du monde de leurs propriétaires, qui de ce fait ont conscience de la façon dont les choses sont présentées et qui les retravaillent sans doute. Ni la littérature produite par les musées ni l'ethnographie des missionnaires ne peuvent être révoquées *en bloc** : tout comme le journalisme, ces types de sources peuvent fournir les seules descriptions disponibles et on peut supposer qu'une information défectueuse vaut mieux que pas d'information du tout. Mieux, les comptes-rendus ethnographiques « professionnels » devraient être conçus comme des descriptions problématiques, en tout cas nullement évidentes, qu'il faut questionner au même titre que les descriptions ethnographiques non-anthropologiques (telles que celles qu'on trouve dans les lettres adressées au pays, dans les récits des explorateurs et des missionnaires, et même dans les rapports intéressés produits par les administrations coloniales). Dans le passé, la première catégorie de textes avait un statut la faisant échapper à toute mise en cause, alors que la seconde a été tournée en dérision et rejetée. Il faut soumettre les deux à examen et les utiliser non pas simplement comme des sources d'information « ethnographique » au sens strict de descriptions de coutumes et de comportements, mais aussi comme des moyens de compréhension des intrusions métropolitaines qui ont rendu possibles l'observation et la description.

L'absurdité qui consiste à nier la continuité unissant les descriptions anthropologiques aux travaux tels que ceux des missionnaires devient claire si on rappelle que cette transition s'est manifestée dans des destins individuels autant que dans la comparaison de discours hétérogènes. Des missionnaires tels que Maurice Leenhardt et Carl Strehlow ont produit des exemples célèbres de travaux ethnographiques qui n'ont jamais eu un statut de second rang ou simplement semi-professionnel. La persistance d'une frontière aussi invraisemblable témoigne précisément de sa prégnance dans les schèmes de signification de l'anthropologie.

Je ne critique pas l'anthropologie de musée et le fonctionnalisme simplement parce que leurs productions écrites révèlent le poids du passé et des mystifications dans l'anthropologie contemporaine. Il est aussi important de réfléchir à ces genres anciens et de les juger parce qu'ils vont continuer d'être utilisés, non seulement comme des exemples et des sources dans la discipline académique, mais aussi

---

* En français dans le texte.

de plusieurs façons en d'autres lieux. Les descriptions ethnographiques anciennes produites par les musées, aussi bien que des travaux tels que les ouvrages de Leenhardt sur la culture mélanésienne de Nouvelle-Calédonie sont intégrés dans les représentations de soi de peuples dotés d'objectifs et de revendications politiques[4]. Si dans une première étape la connaissance des cultures indigènes a servi consciemment ou inconsciemment les efforts des autorités coloniales, nous voyons maintenant ce même savoir utilisé dans certaines luttes autonomistes ou anti-coloniales. Le rôle des anthropologues n'est pas de donner des leçons aux dirigeants de ces mouvements, mais il peut se faire que des révélations sur l'écriture des anciennes descriptions et de nouvelles analyses portant sur les relations du texte et du contexte aient des échos dans les discours politiques actuels. Dans des circonstances très différentes, les études de Margaret Mead sur Samoa ont eu des implications sur l'instruction sexuelle et l'éducation des enfants aux États-Unis ; les conséquences potentielles sur ces sujets de la soi-disant réfutation de son travail menée par Derek Freeman (Freeman 1982) n'ont pas échappé à des groupes tels que la Majorité Morale.

STRUCTURE DE CE LIVRE

Dans le prochain chapitre, j'analyserai certains travaux de deux figures majeures, quoique très différentes, de l'anthropologie afin d'établir que malgré sa diversité, la discipline dans sa totalité peut être considérée comme s'appuyant sur deux exclusions cruciales : l'exclusion de l'histoire, ainsi que des travaux de ceux qui n'ont pas la qualification d'ethnographes professionnels. Il est clair qu'une discussion de deux auteurs ne peut pas prouver ce point au sens technique du terme mais les théoriciens que j'ai choisis sont représentatifs bien au-delà de leurs propres œuvres.

Ce point serait d'un faible intérêt si on ne démontrait pas que les conséquences de ces exclusions ont été nuisibles. C'est pourquoi je passerai à une analyse plus détaillée de travaux portant sur les sociétés polynésiennes et plus spécifiquement à la critique d'une synthèse influente, *La société polynésienne d'autrefois*, d'Irving Goldman (1970). Afin d'établir qu'un usage anhistorique de sources anhistoriques produit des erreurs d'interprétations spécifiques, je devrai remonter jusqu'à ces sources et en esquisser des réinterprétations. Ce développement sera seulement illustratif, comme il convient dans un travail destiné aux anthropologues en général plutôt qu'aux spécialistes d'une région, mais une perspective nouvelle n'aurait aucune valeur si elle ne pouvait produire, sous la forme d'analyses précises, des résultats différents de ce qui précède et plus convaincants.

Mes critiques comme mes réinterprétations reposent largement sur des sources qui n'appartiennent pas à l'anthropologie moderne mais résultent plutôt des entreprises et des incursions de missionnaires, d'explorateurs, etc. Le statut de telles descriptions est d'une importance fondamentale pour une anthropologie historique : le sens de l'exercice dans son ensemble dépend du jugement qu'on porte sur leur valeur et sur les questions qu'elles soulèvent. J'examinerai de ce fait quelques-uns de ces écrits : ce qui est important n'est pas tant que l'anthropologie ait souvent refusé de reconnaître que ces comptes-rendus anciens contiennent parfois des descriptions ethnographiques synchroniques valables, mais plutôt qu'ils font référence à des événements qui ont souvent eu un impact crucial sur la culture. Ce que j'affirme, c'est avant tout que la mise à l'écart d'une entité formant système, la « culture » ou la « société », par rapport aux événements étudiés par les historiens ne peut pas durer.

Cette analyse conduira à la discussion d'un autre type de théorie évolutionniste et à l'élaboration d'une approche qui refuse de reconnaître l'opposition première de la structure et de l'histoire. Ainsi se présente la théorie néo-marxiste des systèmes régionaux développée dans les travaux d'Ekholm et de Friedman. Cette théorie apparaîtra plus satisfaisante dans ses prémisses que dans son application au Pacifique, mais ce qu'elle suggère relativement aux liens existant entre les processus à long terme dans l'évolution sociale locale et les changements consécutifs au contact avec les Européens nous mettra sur la voie d'un déplacement crucial pour l'intégration des préoccupations centrales d'une anthropologie systémique avec une histoire apparemment plus contingente – le type d'intégration que l'opposition fondamentale société-événement exclut généralement d'avance. Il reste que ces tentatives ne sont nullement exemptes de problèmes, comme le révélera la discussion de leurs implications dans le cas polynésien. Certains lecteurs seront peut-être surpris que j'accorde une telle attention à ce qui leur paraît peut-être n'être qu'une des nombreuses tentatives pour raffiner ou étendre le paradigme désintégré d'une anthropologie néo-marxiste. Mais même si les travaux d'Ekholm n'ont guère été prisés, je soutiens qu'ils ont des implications importantes pour des tentatives anthropologiques plus larges, parce qu'ils remplacent effectivement l'évolution classique par une autre temporalité longue, par une histoire des systèmes qui peut intégrer les transformations structurelles et les événements. L'importance de cette avancée théorique dérive du fait que les typologies et les conceptions évolutionnistes persistent souvent souterrainement dans des théories anthropologiques dont la perspective ne paraît pas évolutionniste. Pour rompre effectivement et définitivement avec ce que (presque) tout le monde considère comme un modèle discrédité, nous devons accomplir ce genre de déplacement théorique explicite.

En produisant des analyses plus historiques, nous ne voulons cependant pas renoncer aux résultats suscités par les précédents paradigmes anthropologiques et en particulier à ceux qu'ont produits les analyses symboliques. Est-il possible de reconstruire de telles perspectives d'une façon plus historique ? En commentant les travaux récents de Marshall Sahlins, je discuterai une autre tentative d'intégrer la structure et l'histoire – tentative parallèle à celle d'Ekholm, à ceci près que dans le cas de Sahlins, les structures sont d'un type structuraliste et l'histoire se trouve conserver un caractère contingent. J'essayerai de démontrer la proposition énoncée plus haut, à savoir que ces nouvelles théories sophistiquées portent en elles l'héritage de théories implicites qui ne sont ni nouvelles ni sophistiquées ; en particulier, elles incorporent diverses notions de type évolutionniste que personne ne voudrait assumer. Cette dépendance à l'égard des conceptions évolutionnistes du changement, qui ne sont pas simplement tues mais véritablement immergées dans l'analyse, suggère qu'il est en fait nécessaire de retravailler à une théorie explicite de l'histoire ou de l'évolution ; cependant, les modèles du changement proposés par Sahlins ne rendent pas pensables les transformations structurelles à long terme. Si l'on ajoute le fait que ses thèses sont bien plus applicables aux premiers moments du contact qu'aux stades ultérieurs de la confrontation coloniale, on voit la nécessité de concevoir des modèles différents pour rendre compte de temporalités historiques différentes. Sahlins a bien suscité des avancées décisives, notamment dans l'analyse structurale des processus temporels, mais il laisse inexplorées les interconnexions des ordres signifiants et de l'histoire coloniale. Une perspective intégrant ces différentes temporalités historiques – qui serait peut-être aussi plus directement parlante par rapport aux problèmes contemporains dans les sociétés coloniales et post-coloniales – ne peut être atteinte sans une révision de la méthode anthropologique, tout à la fois au niveau de la procédure d'analyse (par contextualisation), et dans les pratiques de collecte de matériaux. L'une des étapes cruciales en pourrait être le déplacement du travail de terrain ethnographique hors de son statut de source principale de la connaissance anthropologique.

Je commencerai ainsi par travailler sur quelques points « épistémologiques » dans le contexte de l'argumentaire évolutionniste, et procéderai à l'examen d'analyses historiques et évolutionnistes qui exigent d'être reconstruites à un niveau épistémologique. Une bonne part de l'argument dans ce pêle-mêle revient à insister sur la relation indissociable entre différents aspects du savoir – qui ne sont pourtant pas reliés dans la hiérarchie nette que propose le sens commun empiriste.

CHAPITRE 2

Radcliffe-Brown, Geertz et les fondements de l'anthropologie moderne

« *Il refusa de pratiquer une histoire conjecturale (et on pourrait ajouter, toute forme d'histoire)* » Evans-Pritchard (1981).

Il faut d'abord se demander comment les écrits portant sur l'altérité, la société et la culture ont pu devenir anhistoriques. Les histoires des anthropologies britannique et américaine – auxquelles je me suis senti obligé de me cantonner – sont distinctes, et une exploration complète de cette question exigerait un travail bien plus long. Aux États-Unis, l'école boasienne a insisté, à l'encontre de l'évolutionnisme, sur la pluralité des cultures et sur la complexité des influences historiques et géographiques singulières contribuant à leur évolution. Ainsi, « l'histoire » ne fut pas rejetée mais fut définitivement comprise en termes diffusionnistes : l'affirmation qu'une institution ou un trait de l'organisation sociale était originaire d'ailleurs constituait une forme d'explication. Quoi qu'il en soit, la tendance générale dans les travaux de Lowie, de Mead, de Radin et de Benedict, aussi bien que d'autres auteurs (comme Murdock), qui n'étaient pas des étudiants de Boas, consistait à axer l'analyse autour d'un ensemble de préoccupations comparatives, psychologiques et fonctionnalistes. L'« histoire » comprise en un sens diffusionniste, joua son rôle mais devint progressivement de moins en moins importante de telle sorte que si l'anthropologie américaine récente est marquée – parmi de nombreuses autres influences – par un arrière-fond boasien, certains traits généraux tels que la tendance globale au relativisme y sont beaucoup plus importants qu'un intérêt résiduel pour le diffusionnisme (pour une discussion beaucoup plus détaillée, voir p. ex. Stocking 1968).

Je montrerai plus tard, en m'attachant à la variante de l'anthropologie américaine qui se développa au Bishop Museum, que cette approche boasienne tendait en fait à masquer activement l'histoire ; pour l'instant, je fais simplement remarquer que l'insistance mise sur la singularité « historique » de chaque groupe n'impliquait pas nécessairement le moindre intérêt pour l'histoire récente ou pour les conditions de vie actuelles du peuple qui constituait le sujet de l'enquête ethnologique. Cela dit, dans la mesure où même cette « histoire » anhistorique a fini par se démoder, l'anthropologie culturelle américaine dans ses derniers développements ne diffère pas beaucoup à ce sujet de sa cousine transatlantique. De ce fait, dans la seconde partie de ce chapitre, je montrerai que certaines idées sur lesquelles l'un des fondateurs de l'école britannique était si catégorique sont présentes implicitement dans l'analyse d'un auteur très différent de lui. Il ne s'agit pas ici de dire que Geertz et Radcliffe-Brown sont plus proches dans leurs positions théoriques qu'on ne l'a reconnu jusqu'à présent, mais plutôt que certains traits du discours anthropologique sont si fondamentaux qu'ils sont présents dans des écrits que tout sépare par ailleurs. En particulier, certains aspects de travaux anciens qui sont fortement critiqués et largement rejetés (ceux de Radcliffe-Brown), sont toujours présents dans une production contemporaine qui demeure très influente (celle de Geertz). Il ne servirait à rien de discuter Radcliffe-Brown dans le détail s'il n'avait exprimé ouvertement des idées qui continuent d'être présentes entre les lignes de textes contemporains.

A. R. Radcliffe-Brown fut le théoricien majeur de l'école structuro-fonctionnaliste britannique et, à ce titre, fut l'un des anthropologues les plus influents de ce siècle[1]. À la différence de l'autre père fondateur, Malinowski, ses contributions ethnographiques furent beaucoup moins influentes qu'une série d'articles concis qui exposaient une théorie sociologique positiviste des régularités fonctionnelles, spécialement dans le domaine de « l'organisation sociale » et des structures de parenté. De par la remise en cause de la perspective structuro-fonctionnaliste, les années 1960 virent sa stature décroître et quelques jugements récents portant sur ses contributions ont été très sévères[2].

Son œuvre est néanmoins cruciale parce qu'avec celle de Malinowski elle constitue l'un des fondements de ce qu'on entend par anthropologie moderne. Alors que les histoires de la discipline évoquent des auteurs beaucoup plus anciens, tels que Lafitau, Montesquieu, Morgan, Tylor, Frazer, etc., ils sont en général considérés par les anthropologues contemporains comme de simples précurseurs (quand ils sont considérés pour quelque chose). Même si certains d'entre eux élaborèrent des idées qui peuvent demeurer intéressantes, on a toujours vu la caractéristique essentielle de la profession moderne dans l'élaboration de la théorie ou de l'interprétation à partir d'une recherche empirique extensive. Cette conjonction ne se trouve pas chez les auteurs antérieurs à Malinowski et Radcliffe-Brown[3]. Le choix d'une méthode de terrain fut parallèle à l'abandon des spéculations évolutionnistes et diffusionnistes au profit d'un fonctionnalisme scientifique recherchant des lois – telle est du moins l'image admise.

On a dit que Radcliffe-Brown a été le premier « véritable professionnel » de l'anthropologie sociale britannique, parce qu'il a été formé professionnellement, payé pour faire de l'anthropologie et parce qu'il enseigna et forma des étudiants, mena ses activités dans un cadre institutionnel et écrivit pour une audience de collègues plutôt que pour le grand public[4]. Différents critères peuvent, bien sûr, être utilisés pour identifier les premiers ethnologues professionnels et cette question de définition n'est pas importante en elle-même. Néanmoins, ce qui est significatif, c'est que l'effort de Radcliffe-Brown pour construire une « science naturelle de la société » s'est accompli au moyen d'une série d'exclusions qui ont eu des conséquences à long terme dans la discipline. Il s'agit essentiellement du rejet de toute sorte de causalité historique et de celui des travaux ethnographiques antérieurs.

Une science doit avoir un objet d'étude étroitement défini. Si elle veut paraître rigoureuse et efficace, elle doit aussi être capable de produire des explications dans son domaine. La bête noire d'une perspective positiviste qui cherche à produire des généralités sur les sociétés primitives ou sur la société en tant que telle, c'est une vision molle de la causalité qui admet l'importance de circonstances particulières et de myriades de causes antérieures : une telle absence de liaison et de fixité est susceptible de miner complètement son effort pour définir des lois et des rapports ajustés. La perspective de Radcliffe-Brown à maturité a été résumée par Eggan avec précision : « un nombre limité de principes structuraux [sont] isolés par l'étude comparative de différents systèmes, et on montre qu'ils sont sous-jacents dans un grand nombre de phénomènes culturels et sociaux » (1949 : 121). De ce fait, en théorie au moins, cette méthode n'a nullement besoin de faire appel à des phénomènes ou à des causes extérieures aux limites claires de son propre champ de vision : la société. Elle ne dépend nullement dans ses principes d'analyse essentiels d'aucune autre science telle que la biologie ou la géographie, et son discours semble être autonome et rigoureux. Les conséquences de ces points ne sont évidemment pas seulement intellectuelles, dans la mesure où les financements de la recherche et les statuts institutionnels ont toujours été affectés par les présentations de soi des différentes disciplines en compétition, l'avantage allant généralement à celles qui apparaissent les plus « dures » et les plus proches des sciences de la nature.

LES FONDEMENTS DE LA PROFESSION : L'EXCLUSION DES ÉVÉNEMENTS

Les insulaires d'Andaman est le premier ouvrage de Radcliffe-Brown dans lequel sa perspective fut présentée. Il fut écrit avant la Première Guerre mondiale mais ne fut pas publié avant 1922. Par certains aspects, c'est un travail de transition, dans la mesure où la recherche de débutant sur laquelle il repose avait tout autant pour but la description « ancienne manière » des traits culturels, de la technologie et de l'anthropologie physique que l'étude de l'organisation sociale. L'état des idées de Radcliffe-Brown à l'époque du travail de terrain (1905-1906) transparaît dans un appendice sur « La culture technique des insulaires d'Andaman » (1922 : 407-494). À l'inverse, deux chapitres substantiels sont consacrés à l'élaboration de ce que l'auteur voyait comme « une nouvelle méthode dans l'interprétation des institutions d'un peuple primitif » (1922 : ix). Ces chapitres débutent par le rejet des diffusionnistes qui croyaient expliquer les institutions existant en un lieu donné à partir de migrations ou de liens avec d'autres populations ; ce type de « reconstruction hypothétique du passé [était] d'une utilité très douteuse » (1922 : 229). De plus, les événements passés qui ne pouvaient être connus avec certitude ne fournissaient « aucun matériau à partir duquel on puisse esquisser des généralisations » (1922 : 229 n. 1). Ainsi, les problèmes intéressants n'étaient « pas historiques, mais psychologiques ou sociologiques » ; l'objectif n'était pas de faire une histoire conjecturale, mais une « physiologie sociale » du « système général des idées et des sentiments » ou des « coutumes » (1922 : 230).

Le genre d'ouvrages « historiques » que Radcliffe-Brown avait à l'esprit cherchaient souvent à établir des connexions tout à fait imaginaires entre une société donnée et quelque centre de civilisation, tel que l'Égypte ou l'Inde, à partir de similitudes souvent très superficielles qui étaient sélectionnées arbitrairement. L'attaque contre ces tentatives improbables et bizarrement argumentées paraît justifiée aujourd'hui encore, mais il faut noter que leur insuffisance ne permet pas à elle seule d'établir que les événements passés n'ont rien à voir avec le fonctionnement d'un système social – tout comme le fait qu'une preuve relative à un crime a été dénaturée ou irrémédiablement perdue ne rend pas pour autant sans valeur cette catégorie de preuves[5].

Comme Evans-Pritchard l'a remarqué succinctement, Radcliffe-Brown a effectivement assimilé toute histoire à celle qui ne pouvait être qu'imparfaitement connue et l'a exclue du champ de l'analyse. Ce fut une étape décisive pour l'anthropologie sociale, parce qu'elle ferma hermétiquement le domaine de l'organisation sociale et de la culture à celui du changement historique récent, ce qui permit l'élaboration d'explications apparemment cohérentes dans le premier domaine. La persistance de ce déplacement apparaît à l'évidence dans le fait que certains auteurs récents continuent d'opposer les études modernes solidement construites aux spéculations évolutionnistes ou diffusionnistes (p. ex. La Fontaine 1985 : 20-22). Pourtant, on peut montrer que les analyses qui sont issues de cette démarcation sont imparfaites précisément parce qu'elles ignorent l'histoire.

Radcliffe-Brown n'a pas prétendu que le contact avec les Européens n'avait eu aucune influence sur les Andamans : dans l'introduction, il a décrit l'impact d'une colonie pénitentiaire installée à Port Blair sur la population indigène, en évoquant les changements dans les règles de résidence, la mobilité et la dépopulation (1922 : 10-18). Pourtant, dans le chapitre suivant, il poursuit en mettant l'accent sur le fait que « ce qui intéresse vraiment l'ethnologue est l'organisation sociale de ces tribus telle qu'elle existait avant l'occupation européenne des îles ». Malgré d'« amples » changements, il paraissait

« assez facile […] d'apprendre des indigènes eux-mêmes quelle était la constitution de leur société autrefois » (1922 : 22). Cette prétention peut être mise en doute. La colonie pénitentiaire s'est installée en 1858 ; du point de vue indigène, cela a dû être un moment critique, si ce n'est catastrophique, qualitativement différent de toutes les intrusions étrangères antérieures. Il y eut une grande hostilité au commencement, et on peut de ce fait supposer que les informateurs de Radcliffe-Brown avaient un sens clair de cette ligne de partage et comprirent qu'il désirait des informations sur leur existence paisible d'avant Port Blair. Il est pourtant difficile de savoir jusqu'à quel point les informateurs étaient capables de fournir une information précise concernant une situation vieille de cinquante ans. En tout cas, il y eut une distillation de la mémoire et de l'observation de telle sorte qu'on ne sait plus aujourd'hui quelles informations se rapportent à 1858 et lesquelles font plutôt partie de la description ethnographique de la société colonisée des années suivantes[6]. Même si l'analyse durkheimienne de Radcliffe-Brown reposait précisément sur l'exclusion des événements contingents de l'histoire coloniale, un examen rapide tend à montrer que la situation des Andamans était en partie le produit de forces extérieures au domaine limité de « l'organisation sociale ». Par exemple, on parle le plus souvent des distinctions ethniques indigènes comme si elles avaient des racines profondes dans une différenciation culturelle et linguistique ancienne, mais la particularité des Jarawa du sud Andaman s'avère avoir été amplifiée, si ce n'est créée, du fait des formes contrastées que prit la résistance indigène. Il semble qu'ils furent individualisés principalement parce qu'ils étaient les plus hostiles ; or cet état a été présenté par plusieurs auteurs comme un attribut de leur nature plus sauvage, bien qu'un administrateur britannique ait observé qu'ils « semblent être surtout ce que nous avons fait d'eux » (Portman 1899, II : 711). En fait, « Jarawa » n'est pas un nom de tribu ; c'est probablement un terme signifiant ennemi ou étranger qui fut employé par les groupes avec lesquels les Britanniques eurent leurs contacts initiaux et appliqué à certains autres groupes, distincts de ceux qui furent ultérieurement catégorisés comme des « Jarawa » (cf. Portman 1899, I : 76). Radcliffe-Brown admet en fait ce point en passant (1922 : 10), mais continue à utiliser cette distinction comme si elle avait autant de profondeur historique que celle qui différencie Français et Anglais.

Des questions supplémentaires se posent si l'on veut prendre en compte les rapports avec les étrangers antérieurs à 1858. Il y eut plusieurs siècles de contacts sporadiques qui eurent probablement des conséquences limitées, mais les passages de navires et les naufrages devinrent plus fréquents dans la première moitié du XIXe siècle. Vers 1771, les Andamans étaient « conscients de la valeur du fer » et entre 1789 et 1796, il y eut une tentative infructueuse d'établir une colonie (*ibid.* : 9-10). Portman (1899) mentionne d'autres incidents plus ou moins violents lors des premiers contacts, trop nombreux pour être passés en revue ici. L'histoire d'autres endroits aurait pu suggérer que de tels événements ont eu des conséquences sociales et culturelles notables, mais pour Radcliffe-Brown il n'y avait aucun rapport entre la brève histoire de sa prise de contact et le véritable objet de l'ethnologie.

LES FONDEMENTS DE LA PROFESSION : LE MONOPOLE DE LA COMPÉTENCE

La seconde exclusion cruciale pour la fondation de l'anthropologie professionnelle fut celle des observateurs amateurs. Sa nécessité est évidente, dans la mesure où le financement de la formation d'observateurs professionnels aurait difficilement pu être justifié si on avait reconnu que d'autres personnes auraient pu faire tout aussi bien, ou avaient déjà fait, le travail de description ethnographique. Le sentiment existait aussi que les écrits portant sur un lieu étaient en général de peu de valeur à moins de traiter directement de sujets ethnographiques : il n'était pas question de trouver des données centrales à la marge d'autres matériaux descriptifs.

Parce qu'il rencontra de nombreuses difficultés dans son travail de terrain aux Andamans (Langham 1981 : 247 n.), Radcliffe-Brown fut obligé de s'appuyer sur plusieurs articles de l'administrateur E. H. Man qui avaient été publiés dans le *Journal of the Anthropological Institute* dans les années 1880 – bien qu'en plusieurs endroits il insinua que les observations et les interprétations de Man étaient moins que convaincantes (p. ex. 1922 : 266, 370 n. 1). D'autres travaux, en revanche, furent écartés : il signale ainsi que M. V. Portman avait écrit un livre intitulé *Une histoire de nos relations avec les Andamans*, qui « contient une masse d'informations sur le sujet dont il traite mais n'ajoute pas grand chose à notre connaissance des Andamans eux-mêmes » (*ibid.* : 21). Quiconque fait l'effort de consulter cet ouvrage, que Radcliffe-Brown ne cite pratiquement plus après, découvrira que cette affirmation est grossièrement erronée. Ce travail contient en fait un ensemble conséquent d'informations sur les divisions en tribus, l'initiation, le mariage, les formes coutumières de salutations et sur de nombreux autres sujets « ethnologiques ». Une partie de cette information apparaît de manière décousue, mais la plus grande part est dispersée à travers le récit de nombreux événements particuliers. Un autre ouvrage, les *Aventures et recherches parmi les insulaires des Andamans* de F. J. Mouat (1863) contient également de nombreux détails, mais il n'y est fait référence qu'une fois (1922 : 27).

Dans ces exemples, c'est surtout en étant passés sous silence que les auteurs antérieurs sont dénigrés. Mais dans son travail plus tardif sur l'organisation sociale des Aborigènes australiens, Radcliffe-Brown se sentit suffisamment confiant pour prendre un ton plus agressif à l'encontre de ceux qu'il considérait apparemment comme des amateurs pré-scientifiques. Il estima que la plupart des descriptions antérieures étaient « imprécises », « trompeuses », et « manquaient tellement de précision qu'elles en devenaient pratiquement inutilisables » (1931 : 33-34), et il ajouta que les travaux de Howitt et de R. H. Mathews trouvant leur origine chez des informateurs « décidément peu fiables » ne pouvaient pas « être acceptés sans une critique attentive ». Howitt est « souvent responsable de la plus grande confusion » (*ibid.* : 33, cf. 52, 55, 56, 66). Une description de Spencer et Gillen est « probablement inexacte » (*ibid.* : 49). Un autre passage de leur œuvre n'est « pas aussi précis qu'on aurait pu l'espérer » (*ibid.* : 76, 78). Les listes de termes de parenté établies par Roth ne sont « guère satisfaisantes » (*ibid.* : 70). Sa description d'une autre région est « incomplète et confuse » (*ibid.* : 69, cf. 71-72). Je veux bien croire qu'une bonne partie de ces textes sont effectivement plus ou moins gravement erronés ; mais ce qui est remarquable dans le style de Radcliffe-Brown est l'absence de justification de ces critiques violentes. En dépit du fait que *L'organisation sociale des tribus australiennes* est une monographie très technique qui aborde avec une grande précision les noms et les classifications, ces condamnations du matériau d'autrui qui sont rendues avec constance ne sont jamais argumentées en détail : l'hypothèse que les informateurs d'Howitt et de Mathews ne sont pas fiables est l'une des affirmations les plus précises de Radcliffe-Brown, mais il n'explique cependant pas au lecteur pourquoi ces informateurs sont moins fiables que d'autres. Ces accusations sont relativement mal établies[7].

Ces critiques ne tiennent pas compte du fait que toute description établie en ayant à l'esprit une série de questions est toujours partiellement inadéquate pour une autre problématique. Une enquête ethnographique très sophistiquée des années 1980 portant sur des catégories culturelles peut reposer sur un travail de terrain très exigeant et pourtant « manquer tellement de précision qu'elle en devient pratiquement inutilisable » pour résoudre des problèmes liés à un autre sujet, tel que la production agricole. Un exercice d'interprétation accompli avec respect et sympathie, qui prendrait en considération les prémisses de textes réfractaires, pourrait en fait utiliser leurs observations à d'autres fins, mais il serait peu équitable d'attendre du scientisme de Radcliffe-Brown d'approuver ou même d'envisager un tel exercice herméneutique : pour lui, une description est simplement bonne ou mauvaise ; elle est source de clarté ou de confusion.

Le ton de ce qu'on peut tout aussi bien appeler de la diffamation pourrait nous conduire à faire des hypothèses sur l'arrogance et le style personnel de Radcliffe-Brown (p. ex. Langham 1981 : 250-253, 290-291), mais en dehors du fait que cela nous mène à des questions d'un intérêt limité pour la théorie anthropologique, cette démarche nous conduirait à ignorer les effets discursifs systématiques de tels commentaires et allusions de dénigrement persistant. Le caractère systématique et répétitif de ces critiques suggère que derrière la clarification du système aborigène de groupement social existait un autre projet implicite dans le livre de Radcliffe-Brown[8]. Le dernier paragraphe de l'ouvrage renforce cette impression :

> « *Mon objectif principal a été d'écarter certaines conceptions erronées de l'organisation sociale aborigène qui sont courantes dans la littérature anthropologique, afin de défricher la voie pour une étude sociologique de la culture australienne. Du fait des recherches menées pendant les quatre dernières années par Lloyd Warner, Elkin, Madame McConnel, Hart, Thomson et Piddington, recherches dont on peut espérer qu'elles seront poursuivies, il est maintenant possible d'entreprendre une telle étude avec quelque espoir d'atteindre des conclusions importantes et valides.* » (1931 : 124).

L'intérêt d'un tel défrichage peut paraître évident mais il est malencontreux que cette métaphore agraire ou colonisatrice constitue une réminiscence de l'activité des colons blancs qui spolièrent les propriétaires fonciers aborigènes et créèrent un espace vacant pour leurs propres projets et réalisations. L'effet cumulatif des allégations de Radcliffe-Brown est de discréditer une génération entière d'auteurs et de suggérer qu'il ne sert à rien de démêler ce qui est valable dans leurs écrits, qu'il vaut mieux mettre leurs travaux de côté et concentrer son attention sur les recherches convenables qui viennent juste de commencer. Un espace discursif était bien en train d'être colonisé.

Je ne veux pas dire que le travail de Radcliffe-Brown constitue l'origine, ou l'origine unique, des conditions d'une parole professionnelle, dans la mesure où de tels déplacements ont été accomplis par de nombreux autres anthropologues, qu'ils fussent mineurs ou influents, dont le travail était à cheval entre les phases prétendument pré-scientifique et professionnelle de la discipline. Ces exclusions, de plus, ne furent pas seulement des étapes de la formation de l'anthropologie structuro-fonctionnaliste mais elles persistent, le plus souvent implicitement, comme prémisses de l'anthropologie culturelle et sociale en général. Dans les propos de Radcliffe-Brown, ces exclusions qui définissent l'espace de l'anthropologie sont fortement marquées. Chez les auteurs plus tardifs, elles le sont moins, puisque cet espace était déjà constitué et protégé.

L'ANTHROPOLOGIE CULTURELLE : DES EXCLUSIONS IMPLICITES

Qui pourrait être plus éloigné de Radcliffe-Brown que l'humaniste, le culturaliste et le relativiste qu'est Clifford Geertz, qui a conçu et promu « non pas une science expérimentale à la recherche de lois, mais une science interprétative à la recherche de significations » (1973 : 5) ? Pour tout ce qui concerne leur style et leurs intérêts, tout les sépare, mais sous certains aspects cruciaux, leurs propos ont une armature commune. L'anthropologie de Geertz est caractérisée par une méthode d'élucidation plutôt que par une théorie. Ainsi, ses propositions et ses concepts principaux sont très vagues ; la culture est un texte (mais qu'entend-il par texte ?) ; la religion est un système de symboles (mais on peut aussi dire que tout est symbolique[9]). La puissance de son analyse n'est évidemment pas censée naître de l'élaboration d'abstractions mais d'un travail d'interprétation sur les discours sociaux en circulation dans des contextes particuliers – et bien sûr, c'est dans les articles qui s'appuient sur des cas particuliers, tels que « Jeu d'enfer » qui traite des combats de coqs à Bali, que les talents de Geertz s'expriment le mieux.

Une caractéristique importante de son point de vue est la mise en rapport très étroite qu'il établit entre l'élaboration de la compréhension anthropologique et la pratique de l'ethnographie. C'est à travers l'enquête de terrain qu'est produite une description contextualisée, culturellement significative, épaisse[10]. Voilà ce qui est essentiel dans ce « genre d'effort intellectuel » : « mettre au clair les structures de signification […] et déterminer leur importance et leur enracinement social » (1973 : 9). Ce processus analytique est directement identifié à l'établissement (partiel) d'une compétence sociale et culturelle au sein d'une situation étrangère[11].

> *« Retomber sur ses pieds, travail énervant qui n'est jamais réussi que de loin, voilà en quoi consiste la recherche en tant qu'expérience personnelle ; essayer de formuler la base sur laquelle on imagine, toujours excessivement, qu'on y est parvenu, voilà ce en quoi consiste l'écriture anthropologique en tant que pratique scientifique »* (1973 : 13).

L'effet de telles propositions est la monopolisation du champ de la description épaisse ou de l'interprétation culturelle – érigées comme domaine propre de l'anthropologie – par les ethnographes professionnels : eux seuls passent par l'expérience adéquate, font « l'effort intellectuel » distinctif qui fournit la base de leur quête interprétative. Apparemment, ceux dont les pieds ont toujours été sur terre ne sont pas outillés pour articuler les phrases de leurs « documents publics » et il semble évident que les historiens, les géographes et toutes les autres personnes concernées d'une manière ou d'une autre par l'analyse culturelle ou sociale ne prennent pas la moindre part à ce grand effort pour « l'élargissement de l'univers du discours humain » (1973 : 14) – ou s'ils y contribuent, ce n'est pas sur la base du terrain que nous, anthropologues, avons délimité. Cette conception de la discipline exclut ainsi à la fois ceux qui font des analyses ou de la théorie sans expérience ethnographique et ceux qui ont une expérience mais pas de références ethnographiques. L'exclusion est moins marquée dans le discours de Geertz que le sont les insultes de Radcliffe-Brown, parce que Geertz s'inscrit dans un monde anthropologique qui est déjà professionnalisé et duquel les amateurs sont déjà exclus. La frontière peut alors être reconduite implicitement, sans qu'il faille la créer activement en évinçant les prédécesseurs et en dénigrant leurs travaux.

L'analyse de Geertz consiste essentiellement à identifier des symboles vitaux, des centres d'intérêt, des thèmes et des oppositions importantes dans la culture étudiée et à mettre en rapport un ensemble d'actes (ou d'autres caractéristiques sociales) avec ce qui a été initialement isolé. L'identification entre les Balinais et leurs coqs lui permet d'expliquer pourquoi les enjeux, au sens propre comme au sens figuré, du combat de coqs sont si élevés, comment ils sont accrus par les antagonismes personnels, pourquoi on oppose les coqs de groupes alliés plutôt qu'à l'intérieur d'un même groupe, etc. (1973 : 437 n.). De même « certaines idées centrales » qui se réduisent aux oppositions entre l'intérieur et l'extérieur et entre le raffiné et le vulgaire définissent « le sens javanais de ce qu'est une personne » (1983 : 60). Cette approche est problématique parce que les analyses *débutent* en général par l'affirmation que telle ou telle chose est un symbole-clé ou une « idée centrale ». De telles affirmations trouvent sans doute leur origine dans des inférences issues de discours ou de réflexions, mais ce processus d'inférence n'est pas expliqué. De toute façon, ces questions sont moins intéressantes que les propos formels par lesquels l'analyse de Geertz est virtuellement identique à celle de Radcliffe-Brown : en modifiant la caractérisation d'Eggan, on pourrait dire qu'il isole de quelque manière un nombre limité de principes culturels et montre qu'ils sont sous-jacents à un ensemble de phénomènes sociaux et culturels. Ainsi l'analyse procède en sélectionnant certains traits à l'intérieur d'un domaine social ou culturel et démontre leur consistance et leur cohérence avec d'autres. Dans le fonctionnalisme sociologique, il s'agit d'établir qu'une institution joue un rôle tel que de fournir un exutoire pour les tensions sociales ; dans « l'anthropologie interprétative », que certaines significations sont des variantes d'autres, qu'un acte peut être compris comme exprimant une signification, etc. Si le concept de temps peut intéresser les deux perspectives, le temps historique n'y a pas sa place.

Cela dit, la façon dont Geertz exclut l'histoire est plus compliquée que celle de Radcliffe-Brown, même si son absence conceptuelle pourrait être déduite de son absence dans ses discussions générales sur la nature de l'anthropologie. Cette différence tient en partie à la différence entre les sociétés d'Indonésie et d'Afrique du Nord étudiées par Geertz et les insulaires des Andamans, qui correspondent pour leur part au stéréotype de l'ethnographie tribale : la première rencontre de ces gens avec les Européens date d'il y a deux siècles ou même simplement de quelques décennies – avant cela, tout est obscur – par conséquent, il n'y a pas d'histoire. Dans tous les cas, une telle situation est bien pratique, parce que les anthropologues souhaitent traiter leurs coutumes et croyances comme les éléments d'un système unitaire atemporel et l'idée est plus convaincante si l'on pense que le système a fonctionné pendant longtemps de façon autonome, sans perturbations. Bien sûr, on sait tellement de choses (en général, si ce n'est dans le détail), sur les mouvements de population, l'extension des religions mondiales, les dynamiques à longue distance des anciens systèmes de commerce et la longue histoire de leurs interactions avec les puissances européennes, que de telles notions n'auraient pu être admises pour des endroits tels que le Maroc, Java et Bali (et cela est vrai de la plus grande partie de l'Asie, du Proche Orient, de l'Afrique du Nord, de l'Amérique centrale et bien sûr de l'Europe). Bien sûr, ces dynamiques sont connues sans être pour autant reliées à la catégorie de « culture ». Cette multiplicité d'influences est vue comme l'arrière-plan qui injecte de la richesse et de la complexité dans la situation présente (p. ex. Geertz 1968 : 42-48 ; Tambiah 1970 : 25).

Dans son célèbre article sur le rituel javanais et le changement social, Geertz posa la question des problèmes posés au fonctionnalisme par le changement social et l'histoire. Il proposa l'idée qu'on peut surmonter ces difficultés si la société et la culture sont clairement distinguées et conçues comme « variant de façon indépendante, quoi que mutuellement interdépendantes » (1973 : 144) : aucun côté de l'expérience ne peut être réduit ou subordonné à l'autre. En résumé, l'article décrit comment des facteurs tels que les différences entre un parti politique partiellement sécularisé et l'Islam ont produit une crise lors de l'enterrement d'un garçon. Des rites qui étaient déjà riches en significations ont été gâchés parce qu'ils en étaient aussi venus à devenir signifiants dans une lutte idéologique plus large. L'explication repose sur l'écart existant entre le contexte social et le contexte culturel : les gens étaient en partie intégrés dans la société urbaine, avec ses modèles de travail, de stratification et de vie politique mais culturellement parlant, ils faisaient essentiellement partie d'un monde de villageois ruraux :

> « *Les modèles de croyance, d'expression et de valeur auxquels l'homme du kampong est tenu – sa vision du monde, son* ethos, *son éthique, etc. – ne diffèrent que légèrement de ceux que suit le*

villageois. Dans un environnement social radicalement plus complexe, il s'accroche remarquablement aux symboles qui ont guidé la vie de ses parents ou la sienne propre dans la société rurale. Et c'est cela qui donne naissance à la tension psychologique et sociale qui entoure les funérailles de Paidjan » (1973 : 165).

En fait, cette analyse ne dit rien de l'histoire ou de la temporalité mais utilise simplement le changement comme un mécanisme qui permet de restreindre l'imperfection des systèmes. De toute évidence, si la théorie fonctionnaliste était complètement pertinente, des situations sociales telles que des funérailles ne se dérouleraient pas aussi horriblement mal que celles-ci. Si les significations étaient effectivement partagées par tous, des malentendus et des erreurs de cette sorte ne se produiraient pas. Les problèmes suscités par une analyse qui conçoit les gens comme mettant en scène publiquement la culture comme s'il s'agissait d'un texte public cohérent peuvent être limités si la source des incohérences est située dans l'écart qui sépare les dimensions sociales et culturelles de la vie. La cohérence de chacun des domaines demeure potentiellement préservée ; chacun peut être analysé comme un système sans référence à aucune temporalité. L'histoire fournit simplement quelquefois la source du décalage entre les deux domaines ; mais rien ne sert d'historiciser la culture elle-même.

L'apparente ouverture de l'anthropologie de Geertz à l'histoire apparaît ainsi entièrement illusoire. Quoique la théorie de Geertz diffère beaucoup de l'analyse structurale britannique et qu'elle soit sensiblement en avance sur elle dans la mesure où les questions relatives à la culture et au sens y sont prises en compte, certains traits sous-jacents à ces différents discours demeurent semblables. La discipline peut bien considérer que le positivisme nu de Radcliffe-Brown et d'autres est loin derrière elle, elle n'a pas renoncé aux exclusions cruciales qu'il prononça, exclusions que l'anthropologie interprétative et diverses autres écoles récentes continuent de présupposer. Il faut maintenant démontrer plus complètement en quoi ces exclusions nuisent effectivement à l'analyse.

CHAPITRE 3

Les origines de l'anthropologie de la Polynésie

La critique du caractère anhistorique des descriptions anthropologiques serait relativement inintéressante si elle révélait simplement que cet aveuglement a suscité des erreurs sporadiques. Une critique strictement théorique n'aurait également guère d'importance si elle ne montrait pas qu'une approche dénuée du défaut en question est capable de produire une compréhension renouvelée des cas empiriques. Ainsi vais-je essayer d'établir que différentes erreurs forment système, ce qu'on ne peut expliquer qu'à travers une critique générale pour montrer ensuite que cette critique rend possibles des réinterprétations utiles. Une telle affirmation – couplée à l'argument selon lequel la séparation entre la théorie et les faits est illusoire – implique que mon argumentation devra constamment passer de questions apparemment théoriques à des questions apparemment factuelles et circuler entre des analyses générales et des explications particulières.

J'ai choisi un ensemble d'écrits anthropologiques pour cette discussion détaillée. Il s'agit de la littérature concernant la Polynésie et en particulier les transformations et les évolutions sociales de cette région. Ce matériau est spécialement pertinent pour des questions générales relevant du statut de l'histoire et de l'épistémologie de l'anthropologie, parce que dans ce champ la discussion a été dominée par l'interprétation des variations de la tradition à l'intérieur de « l'aire culturelle » en termes de transformation d'un type ou d'un autre. Ces débats exigeaient ou impliquaient une connaissance des systèmes traditionnels alors que dans tous les cas, les sociétés ont changé de façon dramatique entre la période des premiers contacts avec les explorateurs et le moment de l'observation professionnelle. Aussi la question de ce qu'on compare effectivement est-elle assez problématique. Une espèce de temporalité historique tend cependant à être exclue des modèles (évolutionnistes) qui traitent pourtant explicitement de processus temporels et diachroniques. Les formulations particulières d'arguments ouvertement évolutionnistes – qui sont quelque peu discrédités dans la culture anthropologique contemporaine – s'avèrent infiltrer des paradigmes assez différents, non-évolutionnistes. Un faisceau de contradictions associées à la préoccupation de retrouver le traditionnel en dépit de l'histoire apparaît ainsi très clairement dans le cas polynésien (mais il ne lui est nullement spécifique). L'existence d'un corpus substantiel d'ethnographie datant du début du XXe siècle ainsi que des recueils divers et substantiels de documentation antérieure va me permettre d'approfondir la question évoquée plus haut du statut de différentes formes de matériau dans une modification des perspectives théoriques. Le statut de l'histoire est bien évidemment très étroitement lié à l'idée qu'on se fait de la valeur des sources historiques et à la signification qu'on accorde aux problèmes que de telles sources tendent à susciter.

L'UNITÉ DE LA POLYNÉSIE

L'orientation comparative de l'anthropologie de la Polynésie fait effectivement ressortir la question de la nature des entités anthropologiques, telles que les « cultures locales », qui constituent les unités qu'on compare. Cette orientation elle-même est née de la perception de la Polynésie comme une région diverse mais fondamentalement unitaire. Cette vision a été élaborée originellement au cours des expéditions du capitaine Cook qui passa dans la plupart des grands archipels et prit contact avec la plupart d'entre eux. Les similitudes physiques entre les peuples « cuivrés » étaient notables, mais ils avaient bien d'autres choses en partage : la culture de tubercules comme l'igname et le taro ; une orientation maritime se manifestant dans une certaine dépendance envers la pêche et des pirogues bien construites ; certains éléments de la culture matérielle – dans laquelle on retrouve jusqu'à un certain point des formes et des dessins communs – tels que les herminettes, les tissus d'écorce et les bols en bois dont une grande quantité fut collectée par les premiers voyageurs ; et une étiquette élaborée ainsi que des distinctions de rang faisant apparaître des « rois » et des familles « royales ». La compréhension de la religion indigène était particulièrement inégale à la fin du XVIIIe siècle mais on reconnaissait que les notions de « tabou » et « d'êtres supérieurs » (Cook 1967 : 179) étaient partout présentes[1].

Le postulat de l'unité facilita les comparaisons internes et la discussion des variantes à partir des cas les mieux connus. Dans le chapitre introductif de la relation du voyage du *Duff* (qui établit les premières missions évangéliques dans le Pacifique entre 1796 et 1798), il est dit que « pour éviter les tautologies » (*i.e.* les répétitions) dans les courtes descriptions de nombreuses îles, « on insiste principalement sur les points qui diffèrent du cas d'Otaheite » (Wilson 1799 : vi). Il y a par la suite une importante discussion comparative : les Tongiens « tissent moins mais tressent plus que les habitants de l'île George » (*i.e.* les Tahitiens) ; « le pouvoir des chefs est plus despotique à Tongataboo, bien qu'il soit exercé de façon moins excessive envers la propriété privée » (*ibid.* : xlix, liii ; cf. 383-386). Johann Reinhold Forster, qui accompagnait Cook dans son second voyage, publia après-coup un récit (1778) qui contient quelque quatre cents pages de discussion ethnographique comparative de ce genre. Le modèle de la diversité dans l'unité émergea plus directement encore de l'analyse des langues. Il apparut immédiatement que de nombreux termes, tels que *ariki* (chef), *mate* (maladie, mort), *kai* (nourriture) et les nombres étaient identiques ou similaires dans des espaces immenses (Banks [1962] II : 35-37). On remarqua ensuite que les différences constatées suivaient en partie des modifications consonantiques régulières : *tapu* devient *kapu* en Hawaiien, *tangata* (le mot maori pour la personne) *kanaka*, etc. Ces variations ont été fréquemment présentées sous la forme d'un tableau – le plus détaillé est celui de Forster – et témoignent de l'aspect le plus systématique de la première compréhension européenne de la Polynésie.

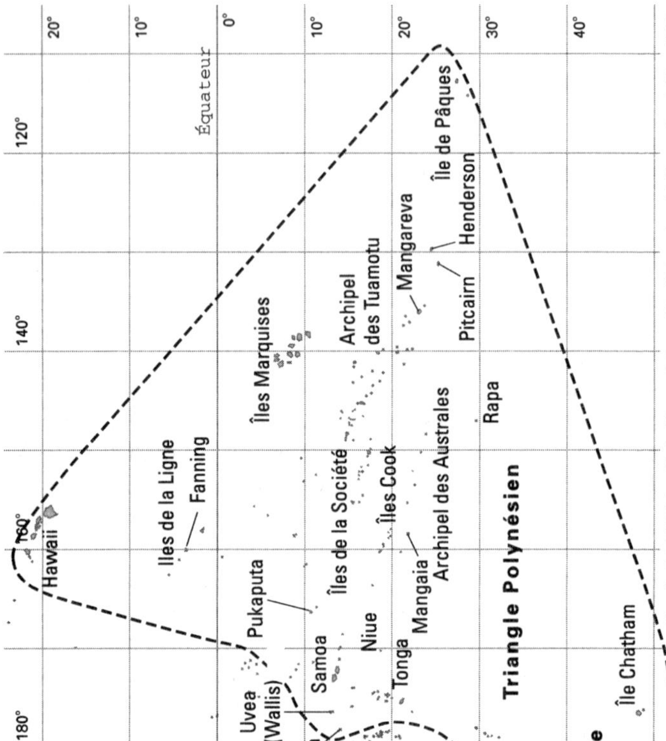

D'après Patrick Vinton Kirch, *The evolution of the Polynesian chiefdoms*, Cambridge, 1994.

Ainsi, l'idée fut émise qu'une « race » ou qu'une « nation » s'était répandue dans tout le Pacifique, atteignant « le vaste pays de la Nouvelle-Zélande » et ayant même poussé « de manière surprenante jusqu'à l'endroit solitaire appelé Île de Pâques ». Ces « migrations étonnantes » ont été conçues par certains comme consécutives à « des projets de conquête » (Wilson 1799 : lxxxv ; cf. Cook 1961 : 354). Tout cela est décrit à la manière du XVIIIe siècle, mais les intuitions principales demeurent bien plus crédibles que celles de n'importe quel autre modèle diffusionniste. La recherche linguistique et archéologique moderne a confirmé et précisé l'idée selon laquelle les habitants des différentes îles de Polynésie descendent d'un groupe parlant une langue austronésienne de l'est de la Mélanésie, qui se déplaça à Fidji et dans la Polynésie occidentale il y a plus de trois mille ans – même si on met l'accent aujourd'hui sur la continuité plutôt que sur la différence « raciale » avec la Mélanésie (Bellwood 1978 ; Kirch 1984 ; Kirch et Green 1987).

L'intérêt d'une région apparemment isolée composée de sociétés insulaires discontinues qui étaient tout à la fois étroitement liées quoique distinctes de différentes manières n'échappa pas longtemps aux théoriciens spéculatifs du social :

> *« Les Îles des Mers du Sud fournissent un spectacle d'un extraordinaire intérêt pour la philosophie politique et morale. Alors que certains principes politiques sont communs à elles toutes, il y a partout des différences frappantes. L'organisation politique y est plus ou moins complète et le despotisme plus ou moins puissant ; et ces deux caractéristiques peuvent être prises comme indices du stade exact qu'a atteint un peuple dans sa marche vers la civilisation. »* (Campbell 1840 : 474).

Une peau plus foncée, une apparence moins civilisée et l'absence d'organisation hiérarchisée chez les habitants de Nouvelle-Hollande (Australie), de Nouvelle-Guinée, de Nouvelle-Calédonie, etc., les ont fait paraître nettement différents des Polynésiens installés plus à l'est. Cela dit, la distinction entre les deux régions était beaucoup moins claire à la fin du XVIIIe et au XIXe siècles : on faisait habituellement référence à l'aire dans son ensemble sous le nom de « Mers du Sud », et les îles de la Mélanésie qui appartiennent aux Nouvelles-Hébrides (aujourd'hui Vanuatu) et à la Nouvelle-Calédonie étaient souvent désignées du nom de « Polynésie occidentale ». L'opposition rigide Mélanésie-Polynésie, définie sous sa forme moderne par Dumont d'Urville (1832 ; cf. Hale 1846), a été acceptée beaucoup plus largement au début de ce siècle : l'archipel fidjien, qui constitue de manière évidente un chevauchement assez embarrassant marquait la limite orientale de la Mélanésie, tout le reste faisant partie de la Polynésie qui incluait évidemment la Nouvelle-Zélande. Une frontière tout aussi controuvée fut dessinée entre les îles Ellice (maintenant Tuvalu) et les atolls « micronésiens » du nord-ouest.

L'idée que les populations polynésiennes étaient racialement distinctes de leurs voisins occidentaux plus sombres fit naître de multiples spéculations diffusionnistes portant sur leurs « origines », qui étaient rapportées à des civilisations plus développées de l'Asie du Sud-Est. Les espèces les plus extravagantes de cette littérature fleurirent à la fin du XIXe et au début du XXe siècles (p. ex. Fornander 1878-1880), mais cet ensemble de questions demeura présent de manière plus restreinte dans la discussion archéologique jusqu'à récemment.

La plupart des écrits du XIXe siècle portant sur le Pacifique étaient plus localisés, s'appuyaient sur un savoir personnel plutôt que sur des lectures en bibliothèque et ne reflétaient qu'indirectement des conceptions évolutionnistes ou diffusionnistes abstraites. Quelques ouvrages, tels que *Samoa il y a un siècle et plus* du missionnaire George Turner (1884) étaient avant tout constitués de la description décousue des croyances et de la mythologie ; d'autres, tels que *Mon consulat à Samoa* de William Churchward (1887) tournaient plus autour d'expériences et d'observations personnelles (dans ce cas précis, d'un point de vue officiel).

LES PERCEPTIONS ANTHROPOLOGIQUES DU XXe SIÈCLE

La connaissance anthropologique de la Polynésie en tant que région sort de l'ordinaire en ce qu'elle a résulté jusqu'à récemment de l'effort systématique d'une institution – le Bishop Museum installé à Honolulu, qui avait pour but de décrire toutes les cultures polynésiennes – plutôt que de l'arrangement fait au hasard d'études individuelles réalisées à différentes époques. Cet effort commença en 1920 et se poursuivit tout au long des années Trente. L'accent était manifestement mis, dans la recherche comme dans les publications, sur les données plutôt que sur l'interprétation, mais un cadre diffusionniste sous-jacent transparaissait à l'occasion de manière explicite (p. ex. Handy 1930). Cette perspective était particulièrement forte chez les ethnologues qui étaient des collaborateurs permanents du musée (comme Peter Buck et E. S. C. Handy) ; des travaux ont aussi été publiés par d'autres chercheurs comme Alfred Métraux ou Margaret Mead dont les préoccupations étaient différentes mais qui partageaient une orientation globalement similaire, boasienne et particulariste. La série monumentale d'études sur Tikopia réalisée par Raymond Firth est exceptionnelle en ce qu'elle est l'une des très rares contributions structuro-fonctionnalistes britanniques à l'anthropologie de la Polynésie[2]. Elle est aussi inhabituelle en ce que sa perspective ethnographique était exclusivement restreinte à la société étudiée : même si Firth a utilisé ses données ethnographiques pour débattre de questions anthropologiques générales dans de nombreux articles, ses références à des débats et à des matériaux polynésiens comparatifs sont rares et distantes.

Dans les années 1950 les anthropologues, à qui les métaphores scientifiques viennent naturellement, commencèrent à parler de la Polynésie comme d'un « laboratoire » permettant de tenter des comparaisons contrôlées (Goodenough 1957). Bien sûr, il ne s'agissait que d'un raffinement de l'idée énoncée par John Campbell en 1840. Cette perception fut développée de la façon la plus complète par Marshall Sahlins dans son livre de jeunesse sur *La stratification sociale en Polynésie* (1958) qui s'appuie sur les perspectives écologiques de Leslie White et de Julian Steward. Sahlins affirma que les sociétés polynésiennes pouvaient être divisées en deux catégories, les « systèmes à ramage » et les « systèmes à filiation », qui sont le reflet d'adaptations écologiques à différents types d'îles. Cette étude a eu une grande influence sur l'anthropologie néo-évolutionniste américaine mais a été grandement critiquée pour ce qui est de ses données empiriques. À peu près au même moment, Irving Goldman (1955) proposa une thèse moins déterministe, en mettant l'accent sur la compétition aristocratique (ou la « rivalité statutaire ») dont il disait qu'elle était censée fournir un modèle des changements dans les formes de la domination, de l'organisation sociale et des distinctions de rang. Cet article fut par la suite développé dans *La société polynésienne d'autrefois* (1970), qui apporta une grande masse de détails en conservant une thèse d'ensemble relativement simple. Sur le long terme, les arguments centraux de Sahlins et de Goldman n'ont pas résisté, même si certains éléments des deux œuvres demeurent en circulation. Ce premier travail de Sahlins souffre peut-être particulièrement du changement des modes théoriques dans la mesure où le vigoureux matérialisme écologique qui caractérise le livre n'est plus accepté que parmi les archéologues, dont certains ont aussi, plus récemment, adopté une perspective plus « sociologique » tout en conservant un intérêt pour les processus d'évolution et de transformation à grande échelle (Kirch 1984, 1986 [éd.]).

Une histoire de l'étude de la Polynésie (ce livre n'en est pas une) se devrait de prendre en compte d'autres auteurs et d'autres tendances singulières. Si le débat des spécialistes de la région au sujet du livre de Sahlins de 1958 n'avait pas déjà fait le tour de la question, une critique de l'analyse évolutionniste devrait lui accorder autant d'attention qu'au livre de Goldman. *L'ancienne société polynésienne* est par certains aspects un travail compliqué, et certainement un de ceux qui révèlent les ambiguïtés et les ellipses inhérentes à la rencontre d'un certain type d'anthropologie et d'un ensemble de données problématiques. Pour cette raison d'abord, mais aussi parce qu'il n'y a pas de consensus clair sur l'importance véritable de la contribution que constitue le livre de Goldman, je le discuterai en détail plutôt que *La stratification sociale en Polynésie*. Cela étant dit, le livre de Sahlins souffre de la plupart des mêmes faiblesses dans son utilisation des sources, et l'une des lignes de mon argumentation générale – à savoir que les partis pris anhistoriques dans le traitement des données ont des conséquences dans les interprétations qu'on en fait – aurait pu être développée par rapport à cet autre exemple.

Les sources principales de Goldman sont les bulletins ethnographiques du Bishop Museum – qui ont également été utilisés par de nombreux autres auteurs, tels que ceux qui ont introduit les sociétés polynésiennes les plus centralisées dans des modèles de développement de l'État « primitif » (p. ex. Claessen et Skalnik 1981 ; Service 1975 ; cf. Ortner 1981). De ce fait, je reviendrai sur ces textes et essayerai de discerner quelques-uns des concepts les plus généraux présents dans l'anthropologie de musée, spécialement pour ce qui concerne les idées relatives à la constitution de l'objet « culture indigène » et les types de données qui ont un rapport avec lui. Certains de ces arguments pourraient être étendus à d'autres corpus d'anthropologie de musée, tels que le projet sur les Indiens d'Amérique du Nord et de Sibérie du Museum d'Histoire naturelle américain (dont la plus grande part a été directement contrôlée ou influencée par Boas) – mais mon propos n'est pas de tracer les contours de ce genre dans sa totalité[3]. Il s'agit plutôt de remarquer qu'il y a des relations de connivence entre la théorie et les données dans ces textes qui se présentent comme de simples descriptions – et que les auteurs qui utilisent ces mines de données héritent d'interprétations implicites qui ne peuvent pas vraiment être séparées des données. Ce processus par lequel une analyse implicite est transmise dans un autre exposé sera examiné à travers l'utilisation que fait Goldman d'un bulletin concernant les îles Marquises. L'envers de cette argumentation consistera en une réinterprétation positive de certaines formes de changement en Polynésie orientale ; elle permettra d'établir qu'une utilisation différente des données peut nécessiter un nouveau modèle évolutionniste et, plus spécifiquement, que l'utilisation de données archéologiques peut aider à surmonter l'une des difficultés les plus générales de l'anthropologie évolutionniste – à savoir qu'alors qu'elle prétend traiter de processus temporels, elle ne fait guère plus qu'utiliser des métaphores temporelles pour faire des distinctions à l'intérieur de certains types de modèles sociologiques comparatifs ou classificatoires.

CHAPITRE 4

Une analyse évolutionniste et ses sources

Les sociétés insulaires du Pacifique, et plus particulièrement la Polynésie, ont souvent servi à illustrer des thèses relatives à l'évolution sociale et dans le cas d'Hawaii, au développement des États « primitifs ». *La société polynésienne d'autrefois* d'Irving Goldman est l'étude la plus approfondie de ce type. Ce livre cherche à accomplir une analyse détaillée des données relatives à dix-huit groupes polynésiens et exprime des catégories évolutionnistes que fondent un ensemble de variations locales plutôt qu'un schéma universel. La plus grande partie du travail massif de Goldman consiste en la présentation et en la discussion des matériaux en rapport avec les dix-huit sociétés qu'il étudie. Bien que des questions furent soulevées par certains spécialistes (Howard 1972) sur ses sources et ses interprétations, *La société polynésienne d'autrefois* acquit rapidement le statut d'un livre de référence sur la Polynésie, qui (comme l'écrivit un commentateur) fit « beaucoup pour apporter des données et des lumières » sur les sociétés polynésiennes (Friedman 1981 : 278[1]). Le caractère un peu démodé de l'argument ne dément donc pas l'influence durable du livre dans la formation de la perception universitaire de la région. Certaines parties du texte consistent dans la discussion détaillée et complexe de sujets particuliers, tels que la terminologie de parenté et l'économie lignagère, mais l'argument d'ensemble peut être aisément résumé. L'objet de l'analyse est le « système statutaire » polynésien et son évolution. « Les principes statutaires », c'est-à-dire les principes qui définissent la valeur, sont considérées dans le cas polynésien comme « donnant sa forme à la structure sociale dans son ensemble » (Goldman 1970 : 5-7). La pierre angulaire de l'argumentation est une classification des sociétés polynésiennes en trois catégories, traditionnelles, ouvertes et stratifiées :

« Le système traditionnel est essentiellement un système religieux dirigé par un chef sacré et dont la stabilité est assurée par une hiérarchie de valeurs sanctionnée par la religion. Dans le second système, que j'appelle "ouvert", le principe d'aînesse a été altéré pour permettre à la puissance militaire et politique de diriger l'organisation statutaire et le contrôle politique. Le système ouvert est plus fortement politique que religieux, et sa stabilité peut être maintenue plus directement par l'exercice de pouvoirs séculiers. Dans ce système, les différences de statut ne sont plus hiérarchisées de façon régulière mais tendent à recevoir une définition étroite. Finalement le troisième système, que je qualifie de "stratifié", se caractérise par des ruptures statutaires tranchées qui ont un fort impact dans la vie quotidienne. Dans le système stratifié, les différences de statut sont économiques et politiques. Les rangs élevés tiennent les rênes et possèdent les titres de propriété foncière : les gens du commun sont leurs sujets et ne possèdent pas de terre » (1970 : 20).

Le processus évolutif reliant ces étapes suscite des combinaisons variables de statut et de pouvoir :

« Dans les sociétés traditionnelles, le statut est prédominant et le pouvoir subordonné ; dans les sociétés ouvertes, le pouvoir est prédominant et le statut subordonné ; dans les sociétés stratifiées, le statut et le pouvoir sont approximativement au même niveau, mais ont tous deux plus d'importance que dans les sociétés traditionnelles. Si l'on prend la société polynésienne comme un tout, il est évident que le problème central y est la croissance régulière de la puissance » (1970 : 22).

Le « statut » et le « pouvoir » – aussi nommés plus loin « honneur » et « contrôle » – semblent ainsi constituer des substances complémentaires qui ne sont distinguées que sur « un plan culturel ». Leur importance respective varie ; mais aucune des deux n'est par essence plus fondamentale que l'autre (1970 : 21-22).

Le corps du texte consiste en une présentation détaillée des données organisées en fonction des attributs des trois différentes catégories, l'accent étant mis sur les contrastes entre cas différents qui révèlent un ample mouvement progressif. Les exemples qui illustrent ces types ou ces étapes ainsi que le processus d'évolution sont placés dans un ordre qui entretient un rapport problématique avec toutes les évolutions historiques effectives : la société des Maoris de Nouvelle-Zélande est présentée comme constituant la situation originelle, alors même qu'en de simples termes géographiques et préhistoriques, la Nouvelle-Zélande devrait être considérée comme une extension tardive et marginale de la société polynésienne[2] (à peu près au sens où des personnes peu charitables pourraient voir la Nouvelle-Zélande blanche contemporaine comme une extension tardive et marginale de la culture anglaise).

L'ÉVOLUTION ET LE TEMPS

Cette question renvoie à des problèmes plus larges relatifs à la façon dont le processus d'évolution est conçu. La direction prise sur ce point crucial dans *La société polynésienne d'autrefois* est en fait assez obscure. Goldman dit que l'ordre de succession qu'il donne est « hypothétique et approximatif » (1970 : 27). Le premier terme laisse entendre que ce qui nous est proposé est essentiellement un modèle de formes sociales, peut-être distinctes des exemples qui les illustrent, alors que le second implique qu'une tentative est faite pour reconstruire une véritable séquence historique. Goldman maintient à un moment donné que nous ne pouvons pas « établir l'ordre précis des sociétés de Polynésie occidentale ou orientale », et qu'il s'est « plutôt demandé si les différences constatées dans les systèmes statutaires et dans les structures sociales qui leur sont liées ont suivi un ordre régulier allant des systèmes traditionnels vers les systèmes ouverts et stratifiés » (1970 : 27). Pourtant on ne saisit pas clairement quel est ce concept « d'ordre précis » qui est rejeté et en quoi il diffère de « l'ordre régulier » qui est présenté comme un objet légitime. Il suggère plus loin que « l'histoire de la diffusion de la culture polynésienne n'a pas d'influence directe sur la tentative de reconstruire l'évolution sociale de la Polynésie » parce « les sociétés ne peuvent en général pas être saisies à un stade arrêté de leur développement » – ce qui signifie que les sociétés polynésiennes d'implantation plus ancienne ont subi des changements et des évolutions locales. La « diffusion » devrait ainsi être mise en rapport avec « l'évolution de la société », via l'affirmation que les lieux les plus anciennement peuplés n'ont guère changé dans la mesure où d'autres groupes les ont quittés – et de ce fait ces lieux refléteraient des stades plus anciens dans l'histoire que les lieux d'implantation plus récente. Il évite une telle approche qui susciterait immédiatement des objections en Polynésie, où certaines des îles sur lesquelles l'implantation humaine est la plus ancienne, telles que Samoa et Tonga, étaient aussi les plus hiérarchisées à l'époque du contact. Le rejet d'une telle conception permet à l'analyse de se libérer du changement historique localisé : « l'évolution » se produit à un autre niveau. Mais Goldman ajoute que :

> *« l'histoire maorie, qui semble constituer une ramification d'une forme ancienne du système social des Îles de la Société donne en réalité un fondement historique à la perspective morphologique. Les Maoris ont une certaine authenticité en tant que système social ancien »* (1970 : 27).

Il y a une certaine ambiguïté ici, si ce n'est une contradiction complète. Alors que la société maorie peut avoir changé sous plusieurs aspects mineurs, sa « structure » (dans la période allant de la fin du XVIIIe siècle au début du XIXe) est considérée comme une manifestation véritable d'une forme ancienne. Même s'il n'est pas fait mention « d'un stade arrêté de développement », une certaine immobilité structurale apparaît comme la condition d'existence de cet argument : certaines sociétés reflètent des moments antérieurs de l'histoire d'autres sociétés, la variation spatiale reflète le changement temporel. *La recherche du temps perdu* consiste alors simplement à porter son regard sur une autre île[3]. L'ambiguïté de mots tels que « divergence » donne naissance ici à un problème d'interprétation de la logique implicite au texte de Goldman. Alors que ce terme peut être utilisé au sens large pour indiquer la différence d'un cas par rapport à un autre cas précédemment discuté, il connote avec force un changement par rapport à quelque point de départ commun. C'est précisément cette espèce de malentendu productif qui permet au texte de Goldman d'utiliser plus ou moins clandestinement des concepts qui ont été explicitement bannis. Ainsi les sociétés décrites ne se contentent pas de représenter un type comme le « système traditionnel » mais constituent aussi les points de référence et les illustrations de l'histoire passée des formes plus avancées.

Cette ambiguïté n'est pas le résultat direct d'un exposé médiocre, elle reflète plutôt un déplacement théorique fondamental qui entraîne une spatialisation du temps (ou une temporalisation de l'espace) classiquement évolutionniste qui dispense simultanément l'auteur de l'obligation de mettre en rapport son interprétation avec des transformations historiques avérées. Il choisit une stratégie consistant à présenter certaines sociétés comme les formes archaïques d'autres sociétés, mais il les sélectionne sur la base de critères théoriques plutôt que de l'ampleur de nos connaissances préhistoriques.

Le statut du temps dans ce discours évolutionniste est ainsi beaucoup plus incertain et ambigu qu'on aurait d'abord pu le supposer. Goldman présuppose que l'évolution est un processus temporel mais les différences dont il parle apparaissent plutôt comme purement géographiques. Le système hawaiien est comparé aux sociétés de Tikopia et de l'île de Pâques. Un certain type de différence temporelle est négligé dans la mesure où les sources utilisées constituent des reconstructions d'Hawaii à la fin du XVIIIe siècle, de Tikopia en 1928-29 et de l'île de Pâques au XIXe siècle. Ces localisations temporelles sont homogénéisées ; quelle que soit la manière dont elles sont connues, ces sociétés sont traitées comme le point d'aboutissement des processus d'évolution indigènes en Polynésie, processus ayant produit des résultats indépendants des agissements européens dans la région. Les différences ne sont pas pertinentes pour la construction de son argumentation qui établit plutôt des oppositions ou des continuités entre certains référents socio-géographiques : « les Maoris », « le nouveau principe hawaiien de domination », etc.

À un autre niveau, les arguments évolutionnistes utilisent une métaphore temporelle pour donner des couleurs ou valoriser des relations qui n'ont aucun contenu temporel réel. Cet expédient de l'écriture anthropologique est lié à la nature plus large des propositions comparatives, qui tendent toujours à être chargées de sens ou pipées d'une manière ou d'une autre. Si l'on note que des masques sont utilisés dans certaines initiations masculines en un lieu mais pas dans un autre, on fait simplement ressortir un contraste faible, la marque d'une présence et d'une absence. On pourrait également observer différents types de maisons ou différentes formes de robes. Mais les contrastes régionaux n'ont presque jamais ce caractère neutre et terne. En particulier, les descriptions « pré-anthropologiques » des peuples indigènes construisent des types et des différences systématiques : les petits montagnards noirs et païens (« les canaques de brousse ») opposés aux groupes côtiers christianisés au teint plus clair et de plus haute stature ; la civilisation andine opposée à la sauvagerie amazonienne – dans chaque région colonisée de telles différences ont été créées ou exploitées. Des attributs particuliers se mettent à connoter des différences plus fondamentales, telles que le degré de primitivité.

Certains traits ou certaines caractéristiques locales sont liées de la même façon à des différences plus générales dans certaines formes plus « scientifiques » du savoir anthropologique. La variation est importante parce que certains mécanismes et certaines corrélations se révèlent ainsi avoir un effet causal ou fonctionnel qui s'exprime ou est exécuté diversement dans différents cas. Par exemple, I. M. Lewis a affirmé que la possession par les esprits fournit fréquemment un moyen pour les groupes opprimés ou spoliés (comme les femmes) d'exercer une pression sur le groupe dominant ou de l'attaquer (Lewis 1986 : 23-50[4]). Une fois qu'une telle affirmation a été posée, que ce soit sur la base de descriptions ethnographiques ou de réflexions théoriques, il n'est plus possible d'apporter de nouveaux matériaux ethnographiques de manière neutre. Les faits singuliers sont déjà connotés par rapport aux assertions antérieures et sont réduits à jouer le rôle de prolongements, de modifications ou d'illustrations de la thèse opposée. Il y a des « exemples parallèles » en Tanzanie, des « phénomènes analogues [...] parmi les Ba-Thonga [...] et les Zoulous », « le culte du *bori* hausa [...] est une réalité similaire quoique plus élaborée » (Lewis 1986 : 36-37). L'énonciation d'une thèse a ainsi pour effet de reconfigurer l'ensemble du champ des données ethnographiques comme un jeu de données potentiellement confirmatives ou infirmatives. Il en va ainsi tout autant pour les débats que pour les textes individuels et un certain matériau, comme les descriptions ethnographiques des Kachins, peut être lié à une position théorique particulière (le fonctionnalisme dynamique [Leach 1954]) ou critique (la critique structuralo-marxiste que fait Friedman du matérialisme écologique et du fonctionnalisme [1972]) ; d'autres cas tels que « le Samoa de Mead » peuvent avoir le statut d'exemple particulier de relations entre les sexes. Dans certains cas, certains ensembles de données acquièrent le statut « d'expériences cruciales » dans des perspectives particulières : Ian Langham a débattu sous cet angle de la signification du système de parenté d'Ambryn à six sections pour l'école de Rivers et

Haddon, spécialisée dans l'étude de « l'organisation sociale » (1981 : 200-243).

Des matériaux factuels peuvent ainsi être associés très étroitement à des argumentations particulières. Ces liens semblent généralement admis : il est clair que la valeur propre des exemples dans une analyse telle que celle de Lewis naît de sa thèse. Les exemples ont toujours un caractère théorique préalable du simple fait qu'ils dérivent de descriptions ethnographiques mais ils n'ont pas pour autant en permanence la valeur ou les connotations qu'ils acquièrent dans certaines formulations. D'un autre côté, dans le discours évolutionniste, la métaphore temporelle imprègne les exemples de valeur d'une façon qui semble d'abord moins explicite et plus efficace. Dans le livre de Goldman, aucun argument n'est donné pour inclure telle ou telle société dans la catégorie « ouvert » ou « stratifié ». La classification tient apparemment à des traits non problématiques des groupes eux-mêmes. Il apparaît alors que la « position » temporelle d'une société particulière est considérée comme l'une de ses propriétés, plutôt qu'elle n'est établie dans une démonstration. Le « rang » hypothétique des sociétés n'est rien d'autre que l'élaboration et l'articulation d'une description saturée de métaphores temporelles. Dans ce cas, l'affirmation d'un statut quasi-temporel n'est généralement pas explicite : il est rare que les sociétés soient décrites comme « primitives », « tardives » ou « avancées » mais l'écriture suscite de telles interprétations au moyen d'allusions bien plus fines. Dans la société stratifiée de Mangareva par exemple, nous trouvons des « improvisations » et des « innovations » institutionnelles. Les traditions vernaculaires anciennes dépeignent, selon Goldman, « une société traditionnelle bien en route vers un nouvel ordre social » (1970 : 153, 162, 163). Son état antérieur était bien sûr le système traditionnel, qu'illustrent des cas comme celui de la Nouvelle-Zélande, qui sont pratiquement caractérisés par l'absence d'improvisations – tout comme dans les classifications plus générales et idéologiques des sociétés, les sociétés « primitives » se reconnaissent négativement à l'absence d'écriture, d'État et de monnaie, plutôt qu'à partir d'attributs positifs.

Les phases d'évolution sont définies d'une manière qui présuppose des concepts profondément enracinés dans le discours et largement implicites. La société traditionnelle n'est rien d'autre qu'une société organisée dans son ensemble par la tradition. Le rang et la hiérarchie y sont définis par un ordre culturel arbitraire – dans le cas présent, l'ordre des naissances – qui est restrictif au sens où cet ordre détermine pour une grande part la vie et la situation sociale de chacun, plutôt que ses qualités personnelles. Pourtant, en tant que théorie culturellement déterminée, ces idées n'échappent pas à toute généalogie. On peut les faire remonter à un ensemble de notions plus générales et certainement beaucoup plus crues présentes dans les discours européens sur les primitifs ligotés par la tradition et sur leur résistance à l'innovation (p. ex. Thomson 1908 : vii). Bien que Goldman ne postule pas l'immobilité, l'ordre traditionnel privilégie la conformité à un ordre établi, limitant de ce fait la fluidité et les rivalités individuelles.

> *« La recherche de légitimité seule institue des revendications généalogiques concurrentes au titre* [de chef]. [...] *Alors qu'elle permet à la rivalité statutaire de s'exprimer, la légitimité fournit apparemment aussi le moyen de contrôler les conséquences de cette rivalité statutaire* [...]. *Les disputes généalogiques servent à étendre l'organisation segmentaire et à élargir les occasions de gagner du rang. Ils ne transforment pas le système traditionnel »* (1970 : 61).

Ce qui est vraiment problématique dans l'héritage de ces idées est que le mouvement conduisant du système traditionnel au système ouvert semble s'identifier au passage de la contrainte à la liberté. Les systèmes ouverts sont pour ainsi dire « plus souples » : c'est « le pouvoir et non plus le rang » qui constitue le trait central du statut (1970 : 136). Goldman tenait le système des Marquises « pour le prototype de la société ouverte. Il repose sur de faibles héritages et laisse le champ grand ouvert aux conquêtes » (1970 : 142). L'opposition idéologiquement chargée entre un ordre culturel contraignant en dernière instance et la force créative de comportements individuels sans règles ne nécessite même pas de commentaire supplémentaire ici (mais cf. Thomas 1985 : 224). Le problème est que la force de la notion de société ouverte aux réalisations individuelles est telle que les questions relatives aux transformations d'un système dans un autre, qui n'est peut-être qu'*incidemment* plus fluide, sont perdues de vue. L'accent mis sur le rôle organisateur de la « tradition » (ou plus spécifiquement du rang généalogique) tend à exclure la prise en compte sérieuse de la dynamique de systèmes qui n'ont jamais été entièrement circonscrits par une organisation culturelle apparemment inflexible. De même, l'emphase mise sur les réalisations personnelles et sur la fluidité tendent à dissimuler certaines formes de rigidité ou d'inégalités structurelles qui sont parfois précisément les conditions de « l'égalité des chances » – pour utiliser un langage politique contemporain. Mais précisément, les ellipses et les réifications de nos propres systèmes de significations infléchissent ou perturbent souvent les analyses politiques de peuples éloignés.

Puisque dans le système stratifié la hiérarchie liée à la chefferie semble recouvrir et centraliser les formes étendues et développées du pouvoir qui caractérisent les sociétés ouvertes, la séquence prise dans son ensemble mène à une relation dialectique : l'opposition entre les formes traditionnelles et ouvertes est dépassée dans le système stratifié. Dans de nombreux passages descriptifs, Goldman remarque des différences – entre plusieurs sociétés ouvertes par exemple – qui ne sont pourtant jamais intégrées au modèle. En fait, ces développements sont presque toujours supprimés. La plus grande partie du chapitre sur Samoa, par exemple, fait ressortir une évolution spécifique, une forme locale particulière de système ouvert, qui semble avoir suivi son propre chemin, loin des grandes routes menant au système stratifié. Les différences existant entre les Samoa occidentales et les Samoa orientales (aujourd'hui américaines) sont relevées et la suggestion est faite que le modèle de rivalité de Manu'an était une « version plus subtile "d'ouverture" » (1970 : 245), et qu'il y avait une grande « dilution des moyens d'accès aux pouvoirs sacrés » (1970 : 254). Au début de la discussion sur Tonga, ces nuances sont mises de côté : Tonga « a accompli une évolution politique qui était encore incomplète aux Samoa occidentales, par exemple » (1970 : 280). La différence est ici réduite à une sorte d'échec collectif ; tout se passe comme si les systèmes non-stratifiés existaient *en vue* du système stratifié, même si la discussion du cas de Samoa mise en œuvre dans le texte lui-même nous conduit à une autre conclusion. Le livre considéré dans son ensemble ressemble à la vie politique d'une ville – on y trouve toutes sortes de projets de petites dimensions, discontinus ou faiblement liés les uns aux autres dont l'objectif est particulier ou pervers, pareils à des revendications locales ; le tout est inégalement parcouru par un argument plus général, l'objet du discours qui, comme un parti politique de masse, cherche sans succès à recouvrir, à absorber ou à refléter les nombreux projets, tactiques et préoccupations distinctes présents dans son champ d'activité.

L'ANTHROPOLOGIE DE MUSÉE SERT DE PREUVE

La forme de l'analyse de Goldman dérive à la fois de ses idées théoriques et des sources sur lesquelles il s'appuie. Toute argumentation ou toute façon d'analyser repose sur un ensemble d'affirmations sur ce qui peut constituer des « données », sur ce qui convient ou non. Les faits peuvent être constitués de statistiques ou de généralisations relatives à la pratique (l'incidence d'une forme de mariage), de la notation d'observations ou de la citation de ce que disent les participants à une situation donnée (« les femmes pensent qu'elles pourront manger ensuite les cochons qu'elles élèvent »). Dans certains cas, on peut considérer qu'une proposition est significative par elle-même. Dans d'autres cas, la connaissance du contexte est nécessaire mais il peut s'agir d'un contexte sémantique, historique ou pratique. La définition de ce qui est acceptable en tant qu'information détermine ainsi les prémisses d'une argumentation et peut même déjà contenir certains aspects de ce qui apparaît comme une interprétation « ultérieure ». Ainsi les hypothèses ne sont pas sans conséquences sur le rapport entre les données et la théorie ; elles peuvent également énoncer les jugements et les relations en définissant la forme des faits. Je souhaite montrer que le poids interprétatif des « données brutes » de l'anthropologie de musée était en fait considérable.

Une évaluation des sources utilisées dans une théorie ou une étude comparative peut mener à une critique simplement parce que les faiblesses des sources fragilisent l'édifice « bâti » sur elles. Un compte-rendu critique de *La société polynésienne d'autrefois* a été sous-titré : « Réflexions sur des châteaux de sable (et de corail) » (Howard 1972). La métaphore de l'argumentation comme bâtiment édifié ou enraciné avec une plus ou moins grande force dans les faits qui forment idéalement un sol rocheux mais qui peut s'avérer instable est habituelle mais assez trompeuse en ce qu'elle institue une séparation radicale entre le matériau brut et la structure. Or, les formes des données et de l'analyse tendent à s'impliquer mutuellement d'une manière implicite et presque subreptice. La force d'une argumentation est souvent issue de métaphores qu'on n'examine pas, plutôt que d'affirmations claires.

Dans le livre de Goldman en particulier, les données et les arguments semblent le revers les uns des autres et s'appuient sur des gammes de sources distinctes et restreintes. Même si référence est

TABLEAU 1 :
Les sources de Goldman

Île / archipel	Sources principales
Maori	Best, Buck[a], Firth (1929)
Manahiki-Rakahanga (Îles Cook)	Buck[b] (1932a)
Tongareva (Îles Cook)	Buck[b] (1932b)
Mangaia	Buck[b] (1934), Gill[a]
Île de Pâques	Métraux[d] (1940)
Marquises	E. S. C. Handy[b] (1923)
Mangareva	Buck[b] (1938)
Îles de la Société	Henry[cd] (1928), Handy[b] (1930), Ellis (1829), Adams (1947)
Hawaii	Fornander (1878-80), Kamakau (1964), Malo (1951), Handy et Pukui (1958), e.a.
Samoa	Mead[d] (1930), Stair (1897), Turner (1884)
Tonga	Gifford[b] (1929), Martin (1827)
Wallis	Burrows[d] (1937)
Futuna	Burrows[d] (1936)
Tokelau	Macgregor[b] (1937)
Tikopia	Firth (1936), e.a.
Pukapuka	Beaglehole et Beaglehole[b] (1938)
Niuo	Loeb[d] (1926)
Ontong Java	Hogbin (1931) e.a.

e.a. = entre autres

[a] Plusieurs ouvrages, voir Goldman pour les références complètes.

[b] Recherches du Bishop Museum publiées par le Bishop Museum.

[c] Le travail d'Henry est un cas exceptionnel dans la mesure où elle a compilé certaines archives de son grand-père, le missionnaire J. M. Orsmond, qui fut actif dans les Îles de la Société de 1818 à 1856.

[d] Recherches effectuées par des associés temporaires du Bishop Museum, mais publiées par le Musée et suivant de ce fait la forme standard des bulletins.

faite de manière isolée aux publications des premiers voyageurs comme Cook et Bougainville, aux comptes-rendus des missionnaires et aux livres des « écumeurs des mers » tels que *Les Îles Tonga* de William Mariner, les descriptions qu'il donne d'îles et d'archipels particuliers s'appuient massivement sur les bulletins ethnographiques du Bishop Museum (voir tableau 1[5]).

TOTALISATION ETHNOGRAPHIQUE ET EFFACEMENT DE L'HISTOIRE

L'anthropologie de musée est une entreprise qui a été conduite par des institutions qui se préoccupaient généralement au moins autant d'histoire naturelle. L'organisation du travail et le fait que ceux qui l'ont accompli avaient souvent suivi une formation en sciences naturelles ont conduit à identifier quelque peu les cultures indigènes et les autres phénomènes étudiés par les musées. Ceux-ci sont constitués d'assemblages d'éléments distribués spatialement que des chercheurs compétents doivent observer, enregistrer et si possible collecter. Les objets manufacturés, les plantes et les fossiles sont évidemment des objets et non des agents : les caractéristiques et les éléments constitutifs d'une culture devinrent de ce fait les premières choses à connaître. Il a pu se faire que les indigènes se soient activement engagés dans la création d'une description ethnographique de leur société mais il s'agissait alors d'un processus simple alimentant le protocole des descriptions professionnelles.

Les faits ethnographiques sont classés dans une sorte de grille dont on fait comme si elle couvrait l'ensemble de la réalité mais qu'on ne considère pas comme un ensemble de catégories problématiques ou chargées théoriquement qui ont pour rôle de constituer les « données ». Au contraire, il s'agit simplement d'un ensemble de chapitres sous lesquels le matériau se range (naturellement). En fait, il n'y a pas de solution de continuité entre le travail des musées sur les phénomènes naturels et l'ethnologie, dans la mesure où l'archéologie et l'étude de la culture matérielle traitent d'objets inanimés tels que les maisons, les navires et les ruines qui devraient rentrer dans des classes morphologiques ou fonctionnelles manifestement discontinues. Dans la mesure où l'anthropologie physique et l'anthropométrie constituaient aussi un lieu d'investissement, l'ethnologie proprement dite aurait certainement constitué une discipline marginale bizarre si leur approche de classification objectivante n'avait pas été étendue aux domaines de la société et de la culture. L'important ensemble de bulletins ethnographiques du Bishop Museum organise ainsi l'information dans de courtes sections et sous-sections sous un ensemble de chapitres grossièrement standardisé : Introduction (avec une très courte présentation des conditions de l'enquête de terrain) ; Géographie (informations générales sur la taille de l'île, le climat, etc., et souvent remarques impressionnistes sur l'abondance ou la pauvreté de ressources d'une île ou d'un archipel particulier) ; Le contact avec les Européens (qui est en général traité très rapidement) ; L'histoire précoloniale (parfois présentée avec un niveau de détail généalogique et mythique considérable, selon la précision du matériau) ; ces chapitres sont suivis de nombreuses analyses plus spécifiques – « L'organisation sociale », « Les titres », « La hiérarchie », « La religion », « La prêtrise », « La guerre », « L'individu et la société », subdivisé en « Naissance », « Enfance », « Puberté », etc. (« Le mariage » est parfois traité dans ce cadre, parfois sous « La parenté » ou « La famille »). Dans certains cas la plus grande partie du texte est consacrée à divers éléments de la culture matérielle, mais dans le cas de grandes îles ou d'archipels, ces documents sont en général publiés séparément. L'ordre spécifique des sections varie mais dans certains cas des sujets dont on pourrait penser qu'ils sont étroitement liés, tels que « Les chefs », « Les *regalia* », « Le rituel », se trouvent partagés entre plusieurs grands chapitres tels que « L'organisation sociale » et « La religion » (p. ex. Buck 1934).

L'approche classificatoire ne laissait bien sûr pas de place à l'analyse ou à l'interprétation des dynamiques sociales ou des relations sociales comme système total. Aussi des propositions générales pouvaient-elles être faites en passant sur des sujets tels que l'importance de la guerre dans la course au prestige, mais elles ne servaient pas à l'établissement de liaisons systématiques : la vue d'ensemble est proposée de manière impressionniste dans des passages épars, alors que les connexions entre la guerre et la production, l'importance du contrôle sur la terre et l'identification entre les chefs de guerre et les figures mythologiques sont, par exemple, largement négligées ou dissimulées. Alors qu'un certain type de comparaison assez superficielle entre les institutions de différentes îles est facilité, il est très difficile de percevoir les différences entre grands systèmes à partir des bulletins. Cela tient pour une part à une résistance au holisme, fût-il rudimentaire, qui apparaît dans la comparaison presque sarcastique de Buck entre le fonctionnalisme et ce qu'il décrit comme la « méthode historique » du Musée. Il pensait évidemment que la méthode fonctionnaliste impliquait que « l'enquête ne s'intéresse pas aux biographies individuelles » et que soit « ignoré le poids du passé historique ». Alors que cette dernière affirmation est justifiée, la première témoigne d'une totale absence de familiarité avec la littérature. En ayant apparemment à l'esprit *La vie sexuelle des sauvages du Nord-Ouest de la Mélanésie*, il note en censeur qu'une « plus grande importance semble être accordée aux détails intimes de la technique du coït et à ses différentes positions qu'aux détails techniques impliqués par la construction d'une pirogue ou par son fonctionnement » (1945 : 127). L'empirisme intransigeant et l'ignorance de la théorie fonctionnaliste qui apparaissent ici étaient probablement partagés par d'autres ethnologues de musée, mais certaines des personnalités extérieures qui ont écrit des bulletins en raison d'une association temporaire au musée, comme Mead et Métraux, avaient des perspectives plus au goût du jour : Burrows, par exemple, était intéressé par la combinaison des processus internes et des facteurs environnementaux dans le processus de « différenciation culturelle » (1939 ; cf. Kirch 1984 : 9-10). Mais ces auteurs ont eu tendance à élaborer leurs travaux analytiques les plus explicites hors du cadre des publications du musée ; dans les bulletins eux-mêmes, l'effort de description était certainement considéré dans tous les cas comme un exercice non-théorique. Il fallait éviter de réduire le projet de l'ethnologie à quelque interprétation partielle et motivée, enracinée dans un ensemble d'intérêts intellectuels, pour lui substituer une appropriation totale de l'objet par le savoir : le but était de capturer les cultures d'un archipel et d'en réaliser une description qui fasse autorité [6].

L'objectif de ce travail était « l'étude complète du peuple polynésien » (Buck 1945 : 50). Ce but était pourtant limité : il s'agissait d' « arriver à une image de la culture indigène telle qu'elle existait avant que les changements dus au contact avec l'extérieur ne surviennent » (*ibid.* : 125). Bien que l'importance de l'étude de ce qui était appelé « l'acculturation » était reconnue, l'insistance était mise sur la nécessité première de connaître le système aborigène dans sa forme pure : « dans l'étude d'une culture qui disparaît, l'image de ce que la culture était est nécessaire pour pouvoir établir ce qui a disparu et ce qui demeure » (*ibid.* : 126). Cette phrase témoigne d'une vision extrêmement simpliste de ce qu'ont signifié le contact des cultures et la confrontation coloniale. Le monde indigène est simplement pris dans un processus d'étiolement. Il est de ce fait moins visible, mais il n'a apparemment pas changé dans les processus d'accommodement, de réaction ou d'adaptation aux nouvelles conditions ; ainsi, la transformation semble se réduire à une substitution. La culture indigène constitue une réalité d'ordre quantitatif qui diminue plus ou moins selon l'ampleur de l'influence extérieure, de telle sorte qu'à une certaine date il ne peut rester que « peu » ou « très peu » à observer (p. ex. E. S. C. Handy 1923 : 4-5 ; Thompson 1940 : 5 ; cf. l'utilisation de Goldman 1970 : 126, 319, 329, 379-380, 396[7]). Cette idée est particulièrement compréhensible en Polynésie orientale où la dépopulation et les stratégies coloniales, parmi d'autres facteurs, ont en effet eu un impact écrasant sur les institutions indigènes. Pourtant, le passage de la présence à l'absence implique une conception extrêmement restrictive et peu satisfaisante du changement, même si certaines institutions ou certaines coutumes ont été abandonnées ou oubliées à une certaine période historique. Une autre métaphore de Buck suggère une idée sensiblement différente :

> *« Pourtant, à la période tardive des études récentes, l'image indigène véritable a été obscurcie par les accrétions de plus d'un siècle de contact avec une culture étrangère. Ici encore, la méthode historique* [*i.e.* l'étude des mythes, des généalogies et des légendes] *a été utile pour se débarrasser des couches qui recouvraient la strate de l'âge de pierre »* (Buck 1945 : 126).

Dans cette formule, des pratiques telles que le mariage chrétien sont assimilées à des additions qu'on peut soustraire d'une situation inauthentique pour produire la vérité. Goldman exprime une variante distincte de cette idée quand il note qu'en dépit des ravages du contact européen sur les populations de Wallis et de Tokelau, « la culture domestique » pouvait encore être observée et enregistrée (1970 : 319, 341). Cela revient à supposer que puisque les familles continuent à exister, par opposition aux rituels non-chrétiens par exemple, elles constituent une trace préservée de la culture ancienne. En fait, les activités des missions et les processus coloniaux ont produit des changements dans le groupe domestique et les relations entre les sexes dans tout le Pacifique (Jolly et Macintyre 1988 ; Thomas 1987).

Dans toutes ces conceptions, une dichotomie d'ensemble est faite entre la « culture indigène » qui a une existence unitaire et les effets variés du contact avec l'extérieur. Cette complète déconnexion est portée à l'extrême dans l'*Ethnologie de Wallis* de Burrows, qui intègre la plus grande partie d'un discours traditionnel compilé par un prêtre catholique[8]. Cela dit, la dernière partie du texte n'est pas reproduite, parce qu'elle « traite des contacts récents avec l'extérieur, principalement avec les Européens et n'apporte aucune lumière sur la culture de Wallis » (1937 : 40). Ces catégories semblent remarquablement bien délimitées !

Même si la culture indigène pure est apparemment conçue comme ce qui existait avant le contact, le cœur de cette définition ne renvoie pas à une période historique spécifique mais simplement à l'absence de contamination étrangère. Les relations sociales dans les Îles de la Société dans les années 1760 (juste avant que le Capitaine Wallis dans sa pirogue sans balancier – comme son navire, le *Dolphin*, fut perçu – ne rencontre les insulaires) n'ont pas d'intérêt particulier en elles-mêmes. La « culture indigène » antérieure au contact est ainsi une catégorie relativement amorphe et atemporelle, à la différence de « Tahiti dans les années 1970 » ou de « la Rome d'Auguste ». De même, aucune tentative n'est jamais faite de reconstituer les affaires politiques – les conflits particuliers ou les stratégies et les situations individuelles et lignagères – à un moment donné, alors même que de telles informations pourraient étoffer (par des détails) et appuyer (sur la pratique) un tableau général de la « culture indigène ». Mais la caractéristique principale de cette « culture indigène » n'est bien sûr ni la localisation spatiale, ni la localisation temporelle, mais l'authenticité (cf. Clifford 1988 : 232).

Buck estimait vers 1945 que l'exercice envisagé avait été accompli avec succès jusqu'à un point tout à fait remarquable :

> *« L'étude de terrain de la Polynésie a été pratiquement achevée. Des expéditions menées sous les auspices du Bishop Museum ont effectué des enquêtes de terrain dans chaque archipel, à l'exception de l'île de Pâques, de Niue, de l'île de Chatham, de la Nouvelle-Zélande et des Îles Ellice. L'île de Pâques, Niue et l'île de Chatham ont été étudiées par des anthropologues professionnels d'autres institutions, mais le Bishop Museum a publié les résultats de leurs enquêtes de terrain. La Nouvelle-Zélande a été laissée à ses propres étudiants qui en ont la capacité. Dans les Îles*

Ellice, les atolls de Funafuti et de Vaitupu ont été étudiés par des personnes compétentes, mais les autres atolls du groupe peuvent encore fournir du matériau additionnel pour compléter le tableau d'ensemble. Ainsi, pour ce qui est de la Polynésie à proprement parler, on peut dire que le seul archipel qui nécessiterait une expédition est les Îles Ellice. Il ne s'agit cependant pas de décourager par cette phrase les personnes qui souhaiteraient accomplir quelque projet particulier sur le terrain avec des moyens privés, en particulier sur les thèmes de l'acculturation et de la psycho-anthropologie.
Les publications du Bishop Museum d'études de terrain ont pratiquement embrassé chaque phase de l'anthropologie dans l'étude de l'histoire, des légendes, de la culture matérielle, de l'organisation sociale, de la religion et de l'anthropologie physique. Quoique les informations puissent être minces sur certaines parties, cette faiblesse n'est pas due aux auteurs mais au fait que les informateurs indigènes ne pouvaient pas procurer ce qu'ils n'avaient pas. L'information fournie par des informateurs contemporains a été complétée par des informations antérieures contenues dans les manuscrits indigènes anciens, et la littérature publiée a été parcourue avec soin à la recherche d'informations supplémentaires. Ainsi, les données sur chaque archipel ont été mises à jour et ce travail épargnera aux étudiants la tâche fastidieuse d'examiner d'autres travaux qui peuvent ne pas être disponibles. Même si on peut me suspecter de partialité, je considère que l'étude régionale de la Polynésie a été bien faite et que les publications du Bishop Museum peuvent être considérées comme faisant autorité sur cette région » (1945 : 123-124).

Un travail « qui fait autorité » constitue une claire revendication de pouvoir et il y a de nombreux points par lesquels Buck affirme implicitement le monopole du Musée sur la connaissance de la Polynésie. La plus grande valeur est accordée aux travaux effectués spécifiquement par l'équipe du Bishop Museum. Le travail des autres chercheurs sur des endroits comme l'île de Pâques que le musée estima publiable est évidemment presque du même calibre. La possibilité que ces études puissent ne pas être définitives est exclue. Les seuls projets additionnels encouragés sont ceux qui traitent de sujets particuliers tels que « l'acculturation », mais ils sont d'une nature tellement triviale que « les personnes disposant de moyens privés » sont les seules à pouvoir souhaiter les accomplir – Buck estimait sans doute que les fonds publics de la recherche pouvaient être mieux utilisés ailleurs. Il indique non seulement que les enquêtes de terrain sont complètes, mais aussi que « la littérature publiée » a été parcourue à la recherche d'informations complémentaires et que les étudiants n'ont plus besoin de perdre leur temps dans des volumes poussiéreux[9].

Les auteurs des bulletins ethnographiques reconnaissent habituellement de leur plein gré que les traditions orales, les comportements observés et les informations publiées sont toutes prises en compte dans leur description. Alors que les récits des premiers voyageurs sont parfois cités, l'ensemble des narrations historiques traditionnelles reproduites et les informateurs individuels parfois remerciés, il y a de nombreux passages dans lesquels les sources sont entièrement obscures. Dans certaines analyses du mariage et de la parenté, par exemple, le passé est en général employé, mais pas exclusivement, et nul ne peut dire si telle ou telle pratique fut observée ou ne pouvait plus l'être au moment de l'enquête de terrain ; dans ce dernier cas, on ne sait pas si la description repose sur la description fournie localement de la situation telle qu'elle existait dix ans auparavant ou sur les observations d'un navigateur dans les années 1840 (p. ex. Macgregor 1937 : 40 n.).

La production détemporalisée qui en ressort ne peut de ce fait pas faire autorité comme Buck l'espérait, en particulier quand on prend en compte la brièveté des périodes de recherche sur le terrain. Les dix-sept jours passés par Buck à Tongareva constituent un fondement peu sûr pour une description ethnographique – en particulier si elle est supposée inclure la vérité du lieu et invalider la possibilité de tout nouveau travail utile – mais même ceux qui sont restés plus longtemps sur le terrain y ont rarement passé plus de sept ou huit mois. La grande expérience de certains des enquêteurs en Polynésie signifie qu'ils apprenaient probablement les langues très rapidement et produisaient beaucoup plus dans une courte période que ne l'aurait fait n'importe quel enquêteur débutant[10].

Les méthodes d'enquête de terrain, tout autant que la simple considération de la brièveté des périodes de recherche, ne contribuent pas à diminuer les réserves qu'on peut faire sur la pertinence de certaines des informations recueillies. Dans de nombreux cas, ces techniques ne sont pas discutées ou sont mentionnées très sommairement, mais Buck donne une description de sa principale manière de procéder :

« *Le plan que j'ai essayé de suivre pendant mes expéditions sur le terrain consiste à susciter, ou à assister à, une réunion de personnes et à leur expliquer que l'objet de l'enquête est d'enregistrer leur histoire, leurs traditions, leurs savoir-faire et leurs coutumes pour que le monde extérieur puisse les apprécier. La collecte d'informations devient ainsi un projet communautaire que les gens essaient de réaliser aussi complètement que possible. Ils indiquent les meilleurs informateurs ou ceux-ci se font connaître eux-mêmes* » (1945 : 32).

L'objectif est ainsi de constituer un corpus synthétique, comme s'il y avait une unique description correcte de l'histoire et des coutumes traditionnelles. Les différences entre les informateurs relève de la qualité, d'une connaissance plus ou moins parfaite, plutôt que de différences de perspective. Mais surtout dans certaines sociétés polynésiennes, les perceptions de la société n'étaient certainement pas partagées par le groupe entier. Aucun effort n'est fait pour distinguer ou pour analyser différents points de vue. Dans de nombreuses parties de la Polynésie, certains groupes – souvent ceux qui étaient situés aux alentours des meilleurs ancrages – ont acquis une position dominante parce qu'ils avaient des interactions plus importantes avec les Européens que les habitants d'autres endroits dans l'île ou d'autres îles dans l'archipel. Cette espèce de centralisation ou de modification des équilibres constitue, bien sûr, une caractéristique très générale du changement colonial. L'approche synthétique de Buck reflète plus les perceptions des habitants de ces lieux centraux, ou nouvellement centraux, que de ceux d'autres localités. Dans un contexte politique occidental, cela ne reviendrait pas simplement à confondre les perspectives des partis travailliste et conservateur pour donner une image totale de la culture politique britannique, mais aussi à le faire dans la circonscription électorale du premier ministre[11].

Non seulement ses possibles relations avec l'histoire des déséquilibres locaux et d'une politique coloniale inégale ont pu transformer avant l'enquête le contexte du travail de terrain, mais le propre travail de Buck était également intimement pris dans le piège de l'intervention continue de l'administration sur la scène locale, comme on le voit dans sa description de son travail à Mangaia :

« *En contrepartie de l'assistance de l'administration des Îles Cook, j'ai accepté de remplacer l'Agent résident* [...] *pendant ses congés.*

> [...] *À l'exception de la visite des malades le matin, des jugements hebdomadaires qui prenaient moins d'une heure et du paiement mensuel des fonctionnaires, mes tâches officielles prenaient peu de mon temps. Étant donnée ma position officielle, j'avais l'autorisation d'utiliser les ressources du gouvernement autant que je l'estimais nécessaire. Aussi le gouvernement consacra-t-il son attention à la recherche ethnologique. Les policiers de village agirent comme des assistants en rassemblant les gens en vue de faire des mesures des têtes et des corps. Les chefs de districts et de sous-districts étaient convoqués pour conduire des visites officielles d'inspection dans leurs districts. Les marae et les anciens champs de bataille furent visités et décrits par les experts locaux...* » (Buck 1934 : 3).

À Tongareva, il acquit de toute évidence une information considérable en assistant aux délibérations du tribunal foncier. Étant donné que son information provient de canaux publics plutôt que d'entretiens privés, les faits ne pouvaient refléter que les intérêts et les tactiques de certains groupes (d'ailleurs, quelqu'un comme Buck qui était clairement identifié comme un ami de certains officiels coloniaux aurait certainement eu du mal à obtenir autre chose dans d'éventuelles discussions privées). La somme de plusieurs descriptions intéressées ne constitue pas « l'entière vérité » mais simplement une image floue déterminée par son contexte de production. Comme les critiques féministes l'ont fait remarquer, le même problème existe dans les travaux ethnographiques plus récents quand on présuppose que la culture est avant tout un système de significations partagées – cette idée ne pouvant qu'occulter la compétition des perspectives masculines et féminines. Si on se donne pour objet « la culture indigène » dans un sens général, on laisse peu de place aux variations de perspective ou à des définitions polémiques : les divergences exprimées deviennent du « bruit » au sens statistique d'une complexité non pertinente.

Les descriptions historiques et anthropologiques qui supposent implicitement qu'il y a une culture homogène sont malheureusement destinées à fournir des armes pour les élites qui utilisent une telle idéologie. Bien sûr, cela convient parfaitement aux chercheurs qui n'ont aucun désir de contrarier ceux qui contrôlent l'État colonial ou post-colonial étudié, mais souvent cela ne va ni avec une politique honnête ni avec une bonne anthropologie.

Goldman propose une argumentation évolutionniste qui, en dépit de quelques restrictions trompeuses et hors de propos, reproduit la vision évolutionniste classique de la diversité sociale : les sociétés plus simples ou moins stratifiées sont considérées comme les ancêtres des systèmes hiérarchiques plus complexes. Les différences historiques et géographiques sont effacées dans un temps abstrait, dans un grand récit qui est à la fois linéaire et progressif. Un récit évolutionniste peut s'abstenir d'annoncer son inscription dans l'image mythique englobante du progrès pas à pas de l'humanité – une histoire qui « nous » éloigne d'« eux », et qui justifie que « nous » les dominions –, mais n'en exprimer pas moins et contribuer à soutenir globalement cette idéologie.

Le grand récit évolutionniste a des effets particuliers sur les sociétés qu'il prend en compte. Il les représente d'une certaine manière, les rendant similaires de telle sorte qu'elles apparaissent reliées les unes aux autres et pourtant suffisamment différentes pour que s'exprime une transformation ou un changement de l'une à l'autre. Cette différence ou cette transformation ne constitue évidemment pas une variation neutre, une simple dissemblance, mais supporte toujours une indication de direction. Toute différence est de ce fait marquée positivement ou négativement : la forme d'une institution est toujours plus avancée ou développée dans un cas que dans l'autre et représente ainsi la « croissance » de quelque chose qui existe déjà sous une forme primitive ou inchoative dans la société « antérieure » (quoiqu'en réalité contemporaine).

Il y a différentes façons d'organiser les données pour faciliter cette sorte de construction théorique. Elles ne relèvent pas nécessairement d'un effort particulier pour déformer le savoir ethnographique afin de le rendre compatible avec une argumentation évolutionniste, mais elles constituent plutôt le résultat de certaines méthodes spécifiques et de certaines caractéristiques générales du discours anthropologique. Dans le cas du travail de musée, il est clair que l'absence totale de sensibilité aux facteurs historiques suscite des généralisations et des descriptions brouillées des formes sociales et des coutumes indigènes. Ce défaut fut exacerbé par la tendance à négliger les variations dans l'espace à l'intérieur des communautés et des archipels. La plupart des projets de recherche liés à des musées avaient tendance à traiter de régions (telles que la Sibérie ou la Polynésie dans son ensemble) et tout se passe comme si les similarités unissant les sociétés de ces régions devaient être exagérées. Les enquêteurs complètent leurs maigres connaissances de certains lieux (dont certains ont été visités brièvement) à partir de lieux mieux connus qui sont souvent aussi des lieux centraux ou hégémoniques. Il existe ainsi une nette tendance à l'homogénéisation, à la fois dans la description de sociétés particulières et dans le groupe régional plus large auquel se consacre la connaissance. Les données ethnographiques rassemblées dans une perspective diffusionniste peuvent alors s'adapter à une synthèse évolutionniste. Nous explorerons dans le prochain chapitre la manière dont cela mène à des interprétations fautives. Il faut cependant mettre l'accent sur le fait que la tendance à « homogénéiser » la culture n'a pas été dépassée et est sans doute plus présente dans le discours anthropologique moderne que dans les études de musée que j'ai examinées. Si le mouvement général de l'analyse vise à la systématisation en vue de généraliser ou de relever les principes sous-jacents ou les propriétés fondamentales – qu'ils soient culturels ou sociaux – d'un système, alors les variations locales, les idiosyncrasies historiques et les conflits silencieux ou exprimés ne peuvent qu'être soustraits du travail d'interprétation. « L'ethnologie » a bien pu être remplacée par « l'anthropologie », dans les deux cas l'orientation du discours a occulté le procès réel de l'histoire, en mettant en œuvre implicitement le schème chronologique plus vaste de l'évolution.

CHAPITRE 5

Ressaisir les faits, repenser les transformations

Les idées qui sous-tendent les descriptions ethnographiques produites par les musées ont un impact général sur les analyses et les synthèses ultérieures. La dissociation de la « culture indigène » par rapport aux changements historiques récents mène, dans le livre de Goldman par exemple, à une notion restrictive et quelque peu abstraite des évolutions à long terme et exclut les dynamiques à court terme nées du contact avec les Européens. Celles-ci sont cantonnées dans le domaine du « changement social » et de « l'acculturation » qui n'est guère pertinent pour l'histoire de longue durée.

Il existe aussi des relations plus spécifiques entre la constitution de descriptions anhistoriques particulières et certains éléments d'interprétation. Les interprétations sont parfois implicitement présentes dans ce qu'on tient pour des « données » pourtant considérées comme extérieures à l'argumentation, et parfois aussi explicitement dans des textes tels que celui de Goldman qui sont plus ouvertement des exercices analytiques. Ces liens sont dissimulés aux lecteurs puisqu'on prétend qu'un texte particulier constitue simplement une « source » qui peut inclure des omissions ou même des erreurs, mais qu'il n'est pas liée à une interprétation particulière.

Je vais examiner ces questions à travers un réexamen des sociétés soi-disant « ouvertes » et en particulier du cas de l'île de Pâques et des Îles Marquises. Les idées qui facilitent une argumentation évolutionniste dans la description de Goldman seront repérées dans la publication du Bishop Museum écrite par E. S. C. Handy. Les idées de Handy pourront être critiquées à partir des descriptions plus anciennes de certaines relations sociales qui fourniront la base d'un modèle différent de la société marquisienne. Cette lecture, conjointe à la réinterprétation de la préhistoire des Marquises et de leurs relations politiques avec d'autres îles, mènera à une interprétation sensiblement différente de la situation « évolutive » de certaines des sociétés « ouvertes ».

LE CAS DE *LA CULTURE INDIGÈNE DES MARQUISES*

La recherche menée par le Bishop Museum sur les Marquises fournit un bon cas d'école dans la mesure où on ne peut pas considérer le rapport ethnographique de E. S. C. Handy comme l'une des publications les plus légères du Museum. Handy a séjourné aux Marquises[1] pendant neuf mois, de septembre 1920 à juin 1921, avec Ralph Linton qui étudiait l'archéologie et la culture matérielle (Linton 1923, 1925) et avec son épouse Willowdean Chatterton Handy qui avait le statut d' « associée volontaire », c'est-à-dire de chercheur non payé. Elle a publié par la suite des études sur l'art et le tatouage (1923, 1938), et beaucoup plus tard une description grand public des Marquises à l'époque de l'expédition (1965). Cette enquête de terrain fut l'une des plus longues de toutes celles ayant donné lieu à un bulletin du Bishop Museum et repose en fait sur les efforts de trois enquêteurs ainsi que sur des manuscrits missionnaires exceptionnellement détaillés[2].

L'image globale que Handy propose de la société des Marquises est celle d'un système relativement égalitaire et « fluide », en ce sens qu'il permettait à des individus ambitieux d'acquérir des positions privilégiées. Il sous-entend une opposition avec les sociétés polynésiennes plus stratifiées comme Hawaii ou Tahiti qui ressemblaient plus à des royaumes et paraissaient avoir possédé des structures hiérarchiques plus rigides. Handy admit qu'il y avait certains indices allant dans le sens d'une structure plus hiérarchique dans certaines parties de l'archipel, mais il les mit sur le compte d'une migration distincte – écho d'une perspective diffusionniste boasienne dissimulée pour la plus grande part par une description ethnographique complexe.

Certains traits de l'image que propose Handy de la société marquisienne semblent refléter ses désaccords avec des auteurs français comme le missionnaire Delmas. Celui-ci avait perçu de plus grandes inégalités au sein des anciens systèmes indigènes, qui avaient d'ailleurs été substantiellement transformés à l'époque de la recherche de Handy. Ces interprétations divergentes de la nature de la hiérarchie témoignent de liens souterrains entre les sources, les méthodes et les interprétations, comme je vais essayer de le montrer dans cette section.

Handy critiquait en particulier l'usage aveugle du mot « roi » dans certaines descriptions de la vie marquisienne, et il mit l'accent sur le fait que l'autorité des chefs était limitée. Il affirma que les descriptions de certains observateurs antérieurs « révélaient clairement le communisme et la nature réellement démocratique de la tribu » (1923 : 35[3]). Un visiteur russe, Krusenstern, avait l'impression que si un chef « s'aventurait à frapper quiconque, il en subirait immanquablement les conséquences » (Krusenstern 1913 : 165, cité dans Handy 1923 : 35). Cette observation relative à un comportement observé ou attendu ne nous apprend pratiquement rien sur les grandes formes du respect, de l'autorité ou de la dépendance. À moins de considérer la capacité à frapper ses sujets impunément comme une prérogative habituelle des chefs, ce point est de faible intérêt, dans la mesure où il y a dans de nombreuses sociétés des gens disposant de certaines formes de pouvoir ou d'autorité (comme les juges européens) qui, s'ils agressaient autrui, « en subiraient les conséquences » ou subiraient au moins la critique du public. On peut reconnaître ici l'idée simple selon laquelle le pouvoir se manifeste de différentes manières qui n'exigent pas de spécification contextuelle. La capacité à utiliser la violence apparaît alors simplement comme un indicateur qui peut être observé dans des cas divers et qui est toujours valable.

Handy semble ainsi penser qu'un « chef » est censé avoir un sorte d'autorité ou de contrôle évident sur tous les habitants d'un certain lieu. Cette idée est cohérente avec la construction anthropologique de la notion de chef et, en fait, avec les cas les plus typiques en Océanie. La caractéristique essentielle de la chefferie était en général le travail rituel du chef, qui apparaissait à lui seul comme la cause principale de la production agricole, de pêches fructueuses et du bien-être en général. Cette situation a créé une dépendance et une asymétrie généralisée qui se manifestaient par un flux régulier de dons faits au chef, dont la plupart tendaient à être redistribués. Le chef était ainsi un élément focal et englobant à la fois dans l'image de soi de la société et dans la pratique – ou à tout le moins dans la circulation de nourriture qui constituait virtuellement la substance des relations sociales dans toute l'Océanie. Comme cette situation était la plus typique et reflétait probablement aussi un ancien modèle commun, il peut être utile d'évaluer les divergences de certaines sociétés par rapport aux reconstructions hypothétiques qu'on peut faire d'un système ancestral. Mais qu'un exemple particulier de chefferie corresponde ou non à ce qu'on attend (connaissant ce qui est typique dans la région) a nécessairement peu de choses à voir avec la puissance ou la faiblesse du pouvoir politique. L'hypothèse de Handy semble avoir consisté à dire que puisque les chefs ne semblaient pas disposer d'autant de contrôle sur les comportements d'autrui qu'ailleurs, il y avait moins d'inégalités ou une stratification moins importante dans l'ensemble du système. Mais il s'agit d'un *non sequitur*, précisément parce que le système des Marquises était différent : le chef n'avait pas de situation rituelle privilégiée, il n'assurait pas la médiation entre le peuple et les divinités principales, et de ce fait il n'y avait aucun support pour une chefferie paternaliste et englobante. Cela dit, les ressources étaient inégalement réparties et les relations sociales les plus inégalitaires liaient des individus éminents (des deux sexes) qui souvent n'étaient pas chefs et leurs serviteurs qui dépendaient fréquemment d'un « grand » homme ou d'une « grande » femme pour accéder à la terre[4].

Pour appuyer plus encore sa thèse selon laquelle le pouvoir était limité, Handy cite aussi un auteur qu'il qualifie de « visiteur missionnaire précoce » qui écrivait qu'« on peut difficilement dire qu'ils connaissent les systèmes de gouvernement politique les plus rudes. Ils avaient une espèce de démocratie de la liberté, ou de licence, sans loi » (J. Alexander 1895 : 223, dans Handy 1923 : 35-36). En fait, cet auteur n'était pas allé aux Marquises mais s'était appuyé sur les descriptions des premiers missionnaires qui avaient essayé d'établir une mission à Nukuhiva en 1833 et 1834 (C. Alexander 1934). Plus important, il néglige le contexte et la motivation de cette proposition. L'échec complet de certaines missions évangélisatrices à conquérir la moindre influence a été pour une part expliqué à l'époque par l'absence d'autorité cohérente aux Marquises ; plus tard des publications grand public ont produit une image non seulement plus crue mais qui reflétait aussi un discours général dans lequel certaines sociétés du Pacifique étaient décrites comme désordonnées et anarchiques. De nombreux auteurs ont suggéré que les habitants des Marquises vivaient « sans loi », « sans foi », « sans mariage » et même « sans repas réguliers » (Troost 1829 : 225 ; Hale 1845 : 7-8 ; Armstrong 1838 ; Ryazanov 1825 : 86 ; Fleurieu 1801, I : 110 ; Shillibeer 1817 : 45). Il est frappant de constater que certains évangélisateurs hawaiiens écrivant sur les Marquises et un missionnaire presbytérien écossais écrivant sur Anatom au sud du Vanuatu ont utilisé pratiquement les mêmes mots (d'après Judges 21 : 25) en déplorant une absence d'autorité gênante : « chacun fait ce qu'il estime juste » (Kekela 1854 : 26, cf. J. Inglis, cité par Spriggs 1981 : 59). Toutes ces descriptions sont nées de situations dans lesquelles les insulaires refusaient de coopérer avec des étrangers qui étaient en train de tenter de modifier les pratiques ou les arrangements indigènes (des navigateurs tels que Bougainville qui n'avaient nul désir de modifier le système indigène ont plutôt loué l'apparente absence de régulation des comportements). Dans d'autres contextes, les Européens ont supposé que certains indigènes étaient caractérisés par une répugnance innée au travail, sans particulièrement remarquer que le travail qui suscitait de telles réticences était précisément celui qu'il leur fallait accomplir dans des conditions peu favorables au bénéfice d'étrangers. Le processus de formation de ces représentations est intéressant, parce qu'elles ôtent toute légitimité à l'organisation politique indigène et justifient les efforts des missionnaires et des autorités coloniales pour réorganiser les relations sociales – mais on ne peut guère créditer de telles descriptions de la moindre pertinence. C'est un simple point de méthode historique : les propositions doivent être comprises dans leur contexte et elles nous en apprennent souvent plus sur les intérêts des locuteurs que sur ce dont elles parlent. Dans le contexte du Pacifique, cela implique de faire une analyse détaillée de ce que tel ou tel auteur ou observateur faisait dans les îles. On ne peut pas simplement lire leurs matériaux sans s'intéresser au succès ou à l'échec de leurs projets et aux opérations de contextualisation, de rationalisation, de légitimation et de publicité que leurs textes accomplissent.

Les auteurs du Bishop Museum ont fréquemment critiqué les « préjugés » missionnaires (p. ex. Buck 1945 : 27-29) – qui donnaient naissance à une description unidimensionnelle de la vie indigène – mais leur propre usage des sources missionnaires repose précisément sur les éléments de ces textes qui étaient le plus directement liés aux préoccupations des Européens. Toute description produite par l'anthropologie occidentale ou par les traditions d'observation qui constituent les précurseurs de cette discipline sont évidemment rédigées en anglais ou dans une autre langue européenne, et seront sous-tendues de multiples façons par une logique occidentale. Pourtant, le degré auquel cette logique sature un texte et le prive de toute signification descriptive est variable. Aussi, considérer certaines propositions comme « biaisées » de manière unilatérale et d'autres comme libres d'une telle tare conduit à des erreurs d'interprétation. La description d'une transaction commerciale particulière est très susceptible de suivre un modèle occidental de conduite, de motivation individuelle et d'efficacité ; de telles catégories peuvent être examinées dans une analyse anthropologique ou philosophique et on peut être sûr qu'elles sont présentes de façon plus ou moins complexe dans toutes les représentations occidentales. Il n'y aurait pourtant aucun sens à rejeter une description parce qu'elle est « ethnocentrique » en ce sens, dans la mesure où aucune représentation ne peut s'établir à partir d'un vide conceptuel. Les formes particulières de la critique peuvent épingler pour l'analyse les aspects idéologiques qui animent tel ou tel texte, mais cet exercice est toujours en rapport avec des intérêts intellectuels qui ont leurs propres axiomes non discutés[5]. Le problème n'est alors pas celui du « préjugé » ou de l'ethnocentrisme en général, mais le fait que certaines formes spécifiques de discussion dans le discours occidental nous en apprennent en fait beaucoup moins sur ce qui est apparemment décrit que sur les intérêts et la perception de l'observateur et de l'auteur. Il en va ainsi des présentations générales du « type indigène » ou du « caractère national » qui ne peuvent guère éviter d'imputer des penchants psychologiques et de former des reflets obscurcis de l'altérité. Cela signifie que la différence entre le peuple décrit et « nous » déforme complètement le caractère véritable des « autres ». L'usage non critique que fait Handy de synthèses idéologiques comme le livre d'Alexander mentionné plus haut frise l'erreur, qu'une lecture de descriptions plus circonstanciées des événements aurait permis d'éviter.

Les limites mal spécifiées du pouvoir des chefs témoignaient, pour Handy, d'un système social relâché ou fluide. En dépit d'une tendance à l'héritage des positions privilégiées, « rien n'empêchait un homme ou une femme de la tribu d'atteindre les positions les plus élevées de chef ou de prêtre mystique » (1923 : 36-37). Dans la mesure où cette proposition s'applique aux *tau'a*, les prêtres mystiques, elle est correcte et presque tautologique, puisqu'il s'agissait de figures chamanistiques dont le pouvoir tenait précisément au fait qu'elles étaient choisies par les divinités, indépendamment de leur statut social antérieur. Ce choix survenait soudainement et se manifestait par des crises de possession extatique et des accès de folie sauvage – qui sont, bien sûr, arbitraires du point de vue de la structure sociale ou de tout principe hiérarchique.

Cela étant dit, tous les problèmes de la méthode de distillation anhistorique du Bishop Museum se trouvent cristallisés dans l'assertion relative aux chefs, qui néglige l'important impact du contact et de différentes formes de violence ayant eu cours au XIXe siècle (voir Dening 1980). Handy était conscient, bien sûr, du fait que la position des chefs avait été érodée de manière dramatique : il est peu vraisemblable que quiconque attachait encore le moindre poids au titre de chef à l'époque de son enquête de terrain. Le problème est plutôt qu'il a dû considérer que les propositions des informateurs sur la nature du système passé se rapportaient à une période antérieure au déclin de la chefferie, plutôt qu'à une date plus tardive (tout comme Radcliffe-Brown considérait que les propositions de ses informateurs des Andamans sur le passé valaient pour la période antérieure à l'occupation de 1858). Or la nature du pouvoir des chefs avait commencé à se modifier très peu de temps après les premiers contacts avec les voyageurs européens à la fin du XVIIIe siècle. Et l'institution semble avoir été affaiblie de façon dramatique après 1842, quand l'annexion française de l'archipel provoqua des conflits à Vaitahu et Taiohae où étaient stationnées des garnisons, et où ce genre de rébellions furent défaites. Même s'il s'est certainement agi d'un processus irrégulier, qui n'affecta pas d'autres régions avant longtemps, on constate un contraste frappant entre la rivalité vigoureuse et l'expansionnisme des chefs dans les années 1830 et la faiblesse de leurs successeurs[6].

Les souvenirs principaux de la génération même des parents des informateurs de Handy se rapportaient à une période plus tardive, à partir des années 1860, époque à laquelle les groupes locaux se sont brutalement scindés et les dirigeants traditionnels ont été majoritairement évincés par les prêtres catholiques, les gendarmes et autres officiels, et les colons. Dans la mesure où elle continuait à exister, la chefferie a été modelée par l'intervention extérieure : des Européens influents ont parfois décidé qui devait être chef, et il y a de nombreux cas d'individus de statut servile ayant assumé cette charge, ce dont il semble qu'on n'ait jamais entendu parler auparavant.

Les propositions des informateurs d'Handy sur lesquelles reposent ses affirmations sont très probablement liées à des cas tardifs tels que celui-ci. Il n'y a pas de raison pour laquelle les informateurs auraient dû distinguer la situation des années 1860-1890 d'une période antérieure de soixante ou cent ans. Étant donné qu'un processus continu de changement avait eu lieu et que l'époque où la société vivait sans étrangers était vraiment lointaine, il eut été fort improbable qu'il existât une périodisation indigène du XIXe siècle avec laquelle des événements ou des changements particuliers auraient pu être mis en rapport[7]. Quelque part Handy évoque une « grande guerre » à Fatuiva comme si elle appartenait à un passé lointain, pré-européen (1923 : 30), mais il est assez clair d'après les événements mentionnés que les évangélisateurs hawaiiens, présents à partir de 1856, ont été les témoins et les rapporteurs de ce conflit. Puisque la notion de « culture indigène » exclut les événements postérieurs au contact, c'est-à-dire l'histoire indigène quand elle est aussi une histoire européenne, il n'y a d'une manière ou d'une autre aucune place entre le temps passé de la « culture indigène » vivante et le temps de l'observation professionnelle. Certes, il y a un écart temporel, mais ce qui y est advenu est de l'ordre de la soustraction ou de l'addition. Des mythes ou des rites ont pu être oubliés, des idées ou des habits occidentaux adoptés, mais il n'y a pas de travail créatif ou d'adaptation dynamique. S'il demeure quelque chose comme une mémoire, elle relève de ce fait de la « culture indigène ». Il est pourtant extrêmement apparent que certains de ces « souvenirs traditionnels » rapportent des événements de la période coloniale ou renvoient une image positive du passé compatible avec les circonstances difficiles et tragiques de cette période[8].

LA SOCIÉTÉ DES MARQUISES D'AUTREFOIS : UNE VISION ALTERNATIVE

Les erreurs repérées ici sont nées de l'incapacité à reconnaître le degré auquel la société marquisienne s'était en fait éloignée d'un modèle polynésien de solidarité hiérarchique, dans lequel la chefferie était centrale pour la société et l'englobait. Les chefs des Marquises n'avait pas de centralité rituelle en ce qui concerne la prospérité et la production, ni non plus de propriété générale de la terre. Les lecteurs de documents rencontrent une série de propositions générales qui suggèrent qu'il n'y avait pas de propriété propre aux chefs de haut rang qui auraient suscité un tribut ou des prestations, comme le suggérait Handy, et aussi qu'il y avait des propriétaires fonciers qui possédaient leurs terres relativement indépendamment. La relation décrite par Handy, dans laquelle des services et une part du produit étaient données en échange de droits d'usage sur la terre, existait certainement mais elle mettait en rapport les propriétaires fonciers – chefs compris – et leurs dépendants plutôt que les chefs et les autres individus auxquels ils auraient distribué la terre[9]. Il s'est mépris sur les références à de telles relations entre les chefs et le peuple qu'il a prises pour la forme générale du système et a complètement négligé les propriétaires fonciers qui n'étaient pas chefs, dont la position peut être comparée à celle des *ra'atira* tahitiens, si la description que donne William Ellis de la situation de ce groupe est correcte : ils « possèdent leurs terres, parce qu'elle leur a été donnée par leurs ancêtres, non par le Roi » (1829, II : 343-344). Pourtant, seul l'examen de l'ensemble des données relatives à des relations sociales particulières et aux événements par lesquels elles s'expriment permet de faire un choix sensé entre des propositions descriptives générales de ce genre et de percevoir derrière elles le système tel qu'il fonctionnait dans la pratique.

Sans être suscitées par elle, les inégalités économiques aux Marquises étaient liées à la hiérarchie des grades *tapu*, hiérarchie semblable à celle des castes. Une opposition générale séparait les hommes et les femmes et se manifestait de manière principale au moyen de règles interdisant aux femmes de manger avec les hommes dans leurs maisons de repas *tapu* ou de manger de la nourriture destinée aux hommes, alors que les hommes pouvaient se nourrir s'ils le souhaitaient de nourriture appartenant aux femmes (même s'il y avait de nombreuses autres restrictions spécifiques s'appliquant à certaines nourritures dans certaines circonstances). Cette opposition des sexes était parcourue transversalement de différences de rang parmi les hommes et les femmes ; certains grades élevés formaient des espèces de clubs d'élite, alors que d'autres étaient liés à des activités particulières et avaient parfois un recrutement beaucoup plus large. Les notions de *tapu* et *me'ie* (sans *tapu*) étaient liées à un contexte particulier et relatives au statut de son vis-à-vis à un moment donné. On distinguait en général les grades au moyen de tatouages spécifiques sur le visage et aussi par une maison spéciale pour les repas. Cette hiérarchie intégrait facilement des groupes qui revendiquaient un statut élevé sans avoir de place dans la hiérarchie généalogique : il semble ainsi qu'il y ait eu des grades de guerriers et un grade composé de personnes que distinguait l'étendue de leurs propriétés, mais qui étaient par ailleurs de rang commun (Crook 1800 : 118). Cette hiérarchie d'ensemble organisée par des oppositions simples constitue une évolution propre aux Marquises. Il semble qu'elle se soit effondrée au début du XIXe siècle – apparemment, elle n'existait plus que sous une forme simplifiée dès les années 1830 – et elle semble avoir totalement échappé à l'attention d'Handy.

Si les chefs des Marquises constituaient des figures éminentes et puissantes, ils n'étaient pas véritablement au centre de la vie sociale des Marquises : une hiérarchie complexe et distincte, sans rapport avec le statut de chef, s'était développée. La chefferie n'était pas liée au chamanisme qui contrôlait les capacités rituelles fondamentales, pourvoyeuses de vie, ni au champ englobant des relations asymétriques liées au contrôle des ressources de base : des positions privilégiées avaient été acquises de façon générale par les propriétaires fonciers.

L'idée simple que présente Handy selon laquelle le chef était comme un père pour l'ensemble de la tribu est certainement assez éloignée de la réalité. En même temps, il ne rend pas compte de différents aspects de la hiérarchie et sous-estime le degré général d'inégalité. La situation de flexibilité apparente est curieusement identifiée à une relative égalité – ce qui reflète probablement une conception libérale et fondamentalement américaine de l'égalité comme égalité des chances dans la concurrence. Handy note en fait qu'alors que les premiers auteurs de l'Europe monarchique avaient tendance à voir des rois dans de simples chefs, les visiteurs venant des États-Unis tels que le missionnaire C. S. Stewart et le capitaine David Porter avaient une perception plus claire : le premier avait même parlé des Marquises comme d'une « république *sauvage** ». En suggérant que ces auteurs avaient reconnu le caractère fondamentalement égalitaire de la société marquisienne parce qu'ils venaient de l'Amérique républicaine, Handy identifie les types

* En français dans le texte.

d'égalitarisme existant aux deux endroits – car s'ils avaient été fondamentalement différents, les Américains n'auraient bénéficié d'aucun avantage pour percevoir la société. Il ne serait guère charitable de suggérer que Handy a pris cette identité très au sérieux, mais dans le contexte de son analyse, elle implique une liaison plus générale entre le rang hérité et l'inégalité d'un côté, la compétition et l'égalité de l'autre (cf. Jolly 1987). On peut critiquer cette idée non seulement parce qu'elle révèle une adoption sans critique et une projection des valeurs du capitalisme, mais aussi parce qu'elle se trouve être totalement inadaptée quand on l'applique aux sociétés polynésiennes. Les relations de propriété aux Marquises étaient fluides et n'étaient pas définies par un système de rang hérité comparable aux castes, mais elles étaient pourtant inégalitaires alors que de nombreuses distinctions héritées ne suscitaient pas dans la pratique de relations d'exploitation ou de dépendance.

Il ne s'agit pas ici de dire simplement que les méthodes et les concepts fondamentaux de l'anthropologie de musée ont provoqué les erreurs d'interprétation de Handy. De manière plus significative et dans la mesure où la description de Handy devient le matériau brut de Goldman, ils ont contribué à faciliter une certaine interprétation évolutionniste.

L'erreur initiale consiste à placer la société des Marquises sur une sorte d'échelle allant du système le moins autoritaire (ou le moins hiérarchisé politiquement ou le moins centralisé) au plus stratifié. Je réunis en bloc un ensemble de termes distincts pour souligner l'imprécision qu'une vision unilinéaire de l'évolution politique entraîne. Une grande diversité de contextes, de capacités politiques, de relations sociales et de comportements est ainsi condensée sur un axe unique. La possibilité dont dispose un dirigeant d'utiliser la violence devient alors le signe du même phénomène que, par exemple, le contrôle de la terre ou les privilèges rituels. L'absence de toutes ces caractéristiques prouve que nous sommes face au communisme primitif ou à la démocratie primitive, alors qu'un grand nombre de ces signes de pouvoir indique une sorte de « rigidité » ou de féodalisme. Une telle coalescence d'un ensemble d'asymétries et de métaphores n'a malheureusement pas été extirpée de l'anthropologie moderne, qui est pourtant censée être très attentive à ne pas imposer des catégories occidentales inappropriées aux autres cultures : Lederman (1986), par exemple, considère que les Mendi vivent dans une sorte de démocratie de petite taille.

Dans la mesure où certains des critères des systèmes centralisés les plus inégaux manquaient de toute évidence à la société marquisienne, elle a effectivement été située à l'extrémité égalitaire d'un spectre duquel on ne pouvait sortir. La métaphore centrale qui était utilisée oppose la fluidité ou la flexibilité individuelle à l'autorité et à l'organisation. L'observation de certains traits témoignant d'une anarchie apparente dans le système des Marquises est alors traduite en termes de « fluidité ». La divergence de la société des Marquises par rapport au modèle polynésien constatée dans *La culture indigène* se transforme dans *La société polynésienne d'autrefois* en un passage d'une situation de rigidité relative à la fluidité. En dépit de ce déplacement, le chef continue d'être considéré comme celui qui maintient la centralité et répartit la terre dans les sociétés les plus stratifiées des Marquises. Il y a une sorte de relâchement mais pas de véritable transformation structurale. Les transformations structurales sont en fait invisibles à moins d'être situées sur l'axe unilinéaire allant du moins au plus stratifié. La position ambiguë de la société marquisienne – plus lâche et pourtant centralisée – est cruciale parce que les Marquises semblent se trouver pour Goldman sur le chemin qui mène des systèmes « ouverts » aux systèmes « stratifiés » ; cet exemple singulier rend en effet plausible le passage d'une forme à l'autre. L'« exemple », les « données » qui semblent être relativement indépendants de l'analyse théorique de Goldman sont pourtant déjà façonnés d'une manière très particulière ; le cas est déjà situé par rapport aux sociétés polynésiennes les plus stratifiées et même si Handy n'avait pas de tendance évolutionniste particulière, sa vision unidimensionnelle du pouvoir et de la hiérarchie était compatible avec les chemins de l'évolution sociale que Goldman cherchait à cartographier. « Chemins » est peut-être un terme inadéquat, dans la mesure où son but n'était pas de montrer une pluralité de routes méandreuses témoignant des objectifs divers des gens qui, disons, utilisent une forêt, mais où il cherchait plutôt à définir une voie nécessaire d'ascension d'étape en étape – image qu'il est moins facile de rendre compatible avec les projets sociaux divers des personnes concrètes ou avec l'histoire complexe des groupes véritables qui suivent les courbes de niveau aussi souvent qu'ils montent ou descendent. Quoiqu'il en soit, les données peuvent être perçues différemment, et si l'on admet la transformation et l'érosion singulière de la chefferie marquisienne, la signification de cette société dans un schéma historique de grande ampleur devient beaucoup plus problématique.

DE LA DISTINCTION À LA TRANSGRESSION : L'ÉVOLUTION DES SOCIÉTÉS « OUVERTES »

J'ai évoqué le fait que la société marquisienne avait été mal représentée dans les sources qu'utilise Goldman comme dans l'interprétation qu'il en donne. Certains anthropologues ignorent les changements à long terme ou affirment que tout cadre évolutionniste devrait être totalement rejeté. Pour ce qui est des sociétés du Pacifique, je prétends que la compréhension de l'histoire de longue durée est cruciale. L'étude comparative des sociétés de Polynésie orientale permet peut-être d'illustrer certaines des transformations sociales qui ont eu lieu dans la région. Ces cas montrent que certaines caractéristiques ethnographiques singulières peuvent être analysées de différentes façons, mais pas véritablement expliquées si l'on ne fait pas référence à un modèle de l'évolution et du changement à long terme. Je vais proposer une vision de « l'évolution » sociale du Pacifique oriental très différente de celle de Goldman, en insistant pourtant sur l'importance de la contextualisation des relations locales dans l'histoire qui a différencié un lieu d'un autre.

Sur l'île de Pâques, que ses habitants appellent aujourd'hui Rapanui, le « roi » ou grand chef (*ariki mau*), qui était issu du clan Miru, était qualifié de sacré et possédait un grand prestige. Comme les chefs des Marquises, il était entouré d'un *tapu* qui s'étendait à sa nourriture et à ses biens personnels. Sa tête était tellement sacrée que ses cheveux ne pouvaient pas être coupés et tout objet qu'il utilisait devenait par la suite *tapu* (Métraux 1940).

Un chant recueilli par Métraux montre clairement que la base idéologique de ce statut était l'influence de l'*ariki mau* sur la nature :

> *« Qu'est-ce que le roi multiplie dans le pays ?*
> *Le roi fait pousser les ignames, les taros, les patates douces dans le pays.*
> *En ce moment, dans l'ombre, il améliore les ignames, les patates douces, les cannes à sucre, les rejetons.*
> *Qu'est-ce que le roi multiplie dans le pays ?*
> *La tortue, sa carapace, ses pattes – qu'il fait croître dans le pays. »* (Métraux 1940 : 133-134).

La formule est répétée en rapport avec divers poissons, fougères, plantes, éléments naturels, etc. Pour l'un des informateurs de

Métraux, la relation entre l'*ariki mau* et la fertilité était illustrée par le fait que le *hua tea*, la « meilleure variété de patates douces » était devenue « introuvable sur l'île de Pâques puisqu'elle ne pouvait pas exister sans le roi qui la faisait pousser » (*ibid.*). Comme on pouvait s'y attendre, le souverain recevait certaines prémices et contrôlait partiellement la production : il pouvait restreindre ou lancer les récoltes, par exemple. Pourtant, les impressions générales des observateurs les plus fiables laissent penser que l'autorité du *ariki mau* était extrêmement limitée, quoiqu'on ne dispose que d'informations très limitées sur les projets de différentes personnes, sur leurs succès ou leurs échecs, informations qui nous auraient permis de voir comment fonctionnaient dans la pratique les revendications à l'autorité et les relations d'asymétrie ou de dépendance.

Il est clair qu'à côté des relations entre le peuple et les chefs, un autre ensemble d'activités s'étaient développées qui semblent avoir été au cœur des préoccupations de la société et qui ont produit un autre type de meneur, le *tangata manu* ou homme-oiseau. Le culte tournait autour d'une compétition organisée chaque année entre certains membres du Matatoa – un clan guerrier « ayant su garder l'ascendant à toute époque » (Routledge 1917 : 339). Seuls les membres de ce clan dont avait rêvé un chaman pouvaient concourir. Les candidats étaient en général des hommes importants du clan ; avec différents serviteurs et plusieurs autres personnes, ils montaient au lieu de culte d'Orongo, dans la partie de l'île proche des îlots rocheux de Motunui et de Motuiti, où arrivaient chaque année les migrations de sternes noirs (*manu tara*) venus faire leurs nids. Chaque compétiteur désignait un *hopu* (serviteur) qui participait effectivement à la course sous sa conduite. Le *hopu* partait dans les îles et vivait parmi les rochers, alors que les autres habitaient des maisons de pierre à Orongo et dansaient chaque jour. L'époque de la course était considérée comme une période « d'excitation intense » (Thomson 1889 : 483 ; cf. Routledge 1917 : 340 n. 1). Le premier serviteur capable de se saisir d'un œuf après l'arrivée des oiseaux l'attachait sur sa tête dans un panier et revenait en nageant dans l'île. D'après Routledge, « les dieux intervenaient dans la chasse afin que celui qui n'était pas destiné à gagner passât devant l'œuf sans le voir » (1917 : 345). Le nouveau *tangata manu* se rasait la tête, la peignait en rouge – couleur *tapu* dans de nombreuses régions de la Polynésie. L'homme-oiseau vivait alors reclus pendant cinq mois et on lui apportait des offrandes de nourriture que Routledge tenait pour « les seuls avantages politiques apportés par la victoire » (1917 : 348). La réclusion a sans doute dû restreindre le pouvoir de l'homme-oiseau d'interférer au niveau politique.

De manière plus significative, le culte témoigne d'une nouvelle orientation générale de la société plus favorable aux guerriers. Les années étaient nommées par les noms des hommes-oiseaux : Routledge rapporte que « la demande de connaître les noms d'autant d'années-oiseaux que possible suscitait des réponses presque embarrassantes, quatre-vingt-six étant cités sur le champ » et qu'il y avait un « étrange contraste » entre cet aspect de la mémoire et « l'impossibilité expérimentée d'obtenir la moindre liste satisfaisante des "*ariki* " ou chefs » (1917 : 352 & n.). La construction d'une chronologie à partir des règnes éponymes des souverains nous dit quelque chose de la marque laissée par un grand homme sur les affaires – ou au moins sur la construction des événements à l'époque ou rétrospectivement. En un certain sens, les hommes-oiseaux étaient plus importants que les chefs même s'ils n'étaient pas exactement centraux dans la société : le fait que de nombreux observateurs aient confondu la compétition de l'homme-oiseau avec une élection à la chefferie ou aient parlé des hommes-oiseaux comme de chefs, témoigne du degré auquel les chefs à proprement parler étaient marginalisés (p. ex. Ollivier 1867 : 255-256 ; Palmer 1870 : 173). Le fait qu'ils étaient présentés en même temps que les premières cannes à sucre suggère une appropriation partielle du droit des grands chefs aux prémices, même si rien dans l'activité guerrière ne fonde la moindre influence sur la nature.

En tenant compte de leur influence pratique, Roussel a affirmé que « l'autorité [du roi] était nulle et complètement négligée. Elle était entièrement passée aux mains du *mata-toa* qui décidait de tout et menait la guerre sans consultation préalable de sa majesté » (cité par Métraux 1940 : 135 ; cf. Thomson 1889 : 472). On trouve de nombreuses phrases de cette sorte, pratiquement toutes reposant sur des observations postérieures à 1862, date à laquelle des navires négriers kidnappèrent environ 2 000 insulaires pour les faire travailler sur les mines de guano y compris le chef suprême d'alors (Maude 1982). Bien qu'un fils cadet survécut pour hériter du titre, la catastrophe (combinée aux épidémies) eut un effet fracassant et irréversible : même les cérémonies de l'homme-oiseau furent interrompues quelques années plus tard. Il est de ce fait très difficile de déterminer ce que les rois et les hommes-oiseaux faisaient effectivement et en particulier comment leurs formes d'influence interagissaient en pratique. De fait, la forme de la domination est peut-être moins significative que sa dérive profonde et large dont témoigne le culte de l'oiseau ; il ne fait aucun doute qu'avant la crise ce rituel était un moment central d'excitation populaire, entraînant une cérémonie et une organisation complexes avec lesquelles le roi n'avait rien à voir (Routledge, *Ethnology*, I : 101).

Le fondement rituel de la prééminence des chefs semble ainsi avoir coexisté avec une érosion dramatique de la chefferie. L'archéologie de Rapanui permet de comprendre cette discordance.

L'île a été probablement peuplée aux environs de 400 ou 500 ap. J.-C. À l'époque, Rapanui était probablement couverte d'une forêt ouverte. On a relativement peu d'informations sur le mode de subsistance préhistorique mais il est probable que comme dans d'autres parties de la Polynésie, il reposait sur une base diverse d'élevage, de pêche, de collecte de coquillages et de culture de sucre de canne, de patates douces, de taros et de bananes. Cela dit, l'isolement physique remarquable et la petite taille de Rapanui signifiaient que certaines ressources comme les oiseaux de mer sauvages, les poissons et les coquillages étaient moins abondants qu'ailleurs en Polynésie. Il y a un *continuum* d'est en ouest dans le Pacifique allant de la plus grande diversité et de la plus grande abondance de flore et de faune à l'appauvrissement – et l'île de Pâques se trouvait certainement à cet extrême. L'absence d'un récif corallien frangeant signifie de toute façon que les ressources maritimes étaient limitées. Les chiens et les cochons ne furent pas introduits par les arrivants polynésiens ou s'éteignirent rapidement, aucune trace n'en ayant été retrouvée par les recherches archéologiques. Le seul animal domestique introduit fut ainsi le poulet qui acquit une importance dans la subsistance et dans l'échange qu'il ne connaissait pas ailleurs en Polynésie (McCoy 1979 : 140 ; Flenley 1979 ; Kirch 1984 : 264-278).

En dépit de ces ressources limitées, une population substantielle de peut-être 7 000 personnes se développa avant 1000 ap. J.-C. Il semble que les groupes de filiation locaux aient eu des lieux de résidence relativement stables et qu'ils commencèrent rapidement à construire des centres cérémoniels dont les éléments les plus remarquables sont les célèbres statues. Le caractère particulièrement impressionnant de ces figures a dissimulé le fait que ces centres constituent une évolution locale des *marae* (centres rituels) de Polynésie orientale, en général orientés en direction d'une plate-forme à un bout desquelles se trouvaient des pierres dressées. Il est clair que les statues *moai*, comme leurs équivalents moins spectaculaires en d'autres lieux, représentaient les ancêtres déifiés du lignage et que les cérémonies qui avaient lieu sur ces sites avaient principalement pour objet la distinction, la célébration et la commémoration de la chefferie et des chefs. Cela apparut aux membres de la seconde expédition de Cook qui explorèrent l'île de Pâques en mars 1774 : « Elles étaient érigées en mémoire des chefs – puisqu'elles avaient toutes des noms différents et qu'ils les appelaient *Areekes* [i.e. *ariki*] » (Cook [1961] : 345 ; cf. Forster [1982], III : 469). L'intronisation des chefs et des souverains et les rites liés aux différentes étapes de la vie des enfants de chefs constituaient les cérémonies les plus importantes qui avaient lieu sur les *marae* ailleurs en Polynésie (p. ex. pour Tahiti, voir Henry 1928 : 157-196 *passim*). Un chant relatif aux *marae* tahitiens se termine ainsi :

> *« C'est la base de la royauté*
> *Il éveille les dieux*
> *Il fixe la ceinture 'uru des souverains »* (*ibid. :* 151[10]).

À Rapanui, la plus grosse part du travail des groupes de filiation locaux dans les périodes ancienne et moyenne de la préhistoire a dû être consacrée à l'édification des enceintes des temples et à l'érection des statues. Dans leur production comme dans l'utilisation rituelle ultérieure qui en était faite, ces structures importantes sont la preuve d'une société qui était dominée par et tournait autour de la chefferie.

Cet ordre hiérarchique stable semble s'être désintégré en raison de la surpopulation et de la dégradation du terroir. L'incendie de la végétation, peut-être liée à une culture sur brûlis, rendit possible l'érosion et impossible le renouvellement à long terme de la forêt. Étant donné la forme irrégulière mais torrentielle des pluies en Polynésie orientale, cette évolution a pu être très rapide. Les zones susceptibles de supporter la mise en culture se trouvèrent réduites et les formations herbeuses qui se développèrent à la place des formations végétales antérieures étaient certainement favorable à l'aggravation de l'érosion. Les études de pollen ont permis d'établir que de nombreuses espèces d'arbres qui poussaient dans l'île s'éteignirent : il y avait certainement autrefois une couverture végétale plus dense (McCoy 1979 : 141). Il se produisit ainsi une sévère réduction des ressources qui fut aggravée par le fait que le manque de bois rendit la construction de grandes pirogues impossible, ce qui restreignit la pêche en haute mer. Les premiers visiteurs ont fréquemment noté la rareté, la petite taille et le caractère « très moyen » des pirogues (p. ex. Roggeveen 1722 [1908] : 19 ; Cook [1961] : 352). Le manque de bois était tellement aigu que les insulaires tentèrent parfois d'en obtenir grâce au commerce avec les Européens, ce qui ne se produisit nulle part ailleurs en Polynésie (Dupetit-Thouars 1840-1843, II : 227). Une difficulté supplémentaire naquit de l'absence de rivières permanentes qui excluait l'intensification de l'agriculture par l'irrigation.

Étant donné que les ressources de Rapanui n'étaient de toute façon ni spécialement diverses ni spécialement abondantes, la détérioration de l'environnement a dû produire des disettes et des privations sur une large échelle. Dans certains cas, cela a dû conduire au rejet de certains chefs mais cela a aussi évidemment entraîné le déclin de la chefferie comme telle. Même si l'idiome de la domination englobante des chefs a persisté dans des formes telles que le chant cité plus haut et dans les manifestations comportementales de *tapu*, ces faits ont dû se vider de leur sens, étant donné l'échec du chef à distribuer des biens. Le déclin du *ariki* est associé à l'émergence des guerriers ; un système prédatoire et instable s'est alors mis en place, dans lequel des groupes de guerriers dépossédèrent les autres et où se mit en place une compétition intense sur des ressources déclinantes. Ce changement semble avoir eu lieu aux environs de 1500 ap. J.-C., et apparaît archéologiquement sous la forme de milliers de pointes de lances en obsidienne et du développement d'habitations fortifiées dans des grottes, remarquées entre autres par La Pérouse (1797, II : 86). La plupart des statues furent renversées à cette période ; même si ces symboles des lignées de chefs semblent principalement avoir été détruits par des groupes ennemis, ces attaques reflètent un rejet plus large, dans la mesure où ailleurs en Polynésie les *marae* demeuraient sacrés pendant les guerres (mis à part le contexte de l'introduction du christianisme). Ce processus semble avoir perduré jusqu'à la fin du XVIIIe et au début du XIXe siècles, puisque certaines statues semblent avoir été renversées entre les visites de Cook (1774) et de Kotzebue (1816) (Beechey 1831, I : 55). Alors que de nombreuses conjectures récentes ont liées les statues à quelque influence étrangère (comme par exemple une invasion d'Indiens d'Amérique), la plupart des voyageurs reconnaissaient qu'elles avaient été construites par les insulaires et

La Pérouse a même noté qu'il avait dû y avoir quelque changement dans la « forme de gouvernement » parce qu'il n'existait plus de chefs ayant une stature telle que tant d'hommes s'occupassent à l'érection d'une statue pour honorer leur mémoire (La Pérouse 1797, II : 86). Je pense que cette intuition a été confirmée par la recherche archéologique.

Le culte de l'homme-oiseau ne reflète ainsi pas tant une ouverture ou un relâchement d'un ordre hiérarchique qui aurait pu conduire finalement à une nouvelle forme de stratification qu'un mouvement distinct vers un régime guerrier prédateur – qui est apparu aux dépens de la structure ancestrale de la chefferie[11].

Certains visiteurs anciens des Marquises ont été les témoins de quelque chose du même ordre que l'effondrement social causé par la faim et la surpopulation à Rapanui. La famine revenait périodiquement : dans les années 1870 et 1880, on parla au missionnaire-ethnographe Chaulet de six événements majeurs, qui portaient des noms tels que « sucer les os » ou « les fruits desséchés » (AMS : 22). La cause principale de ces crises était la sécheresse qui affectait sévèrement la ressource de base, l'arbre à pain ; de plus, l'irrégularité naturelle des précipitations était très largement aggravée par des pratiques sociales telles que la destruction des arbres des ennemis pendant les guerres (par le baguage de l'écorce ou des moyens similaires).

Entre 1800 et 1803, des centaines de personnes moururent dans certaines régions de Nukuhiva ; on dit que des vallées entières furent dépeuplées à 'Ua Pou. Nombreux furent ceux qui considérèrent que les hasards d'un voyage en pirogue étaient plus attirants que de rester sur leur île et partirent à la recherche d'autres îles dont leurs chamans avaient rêvées « à quelques jours de navigation » et « où se trouvait une nourriture variée et abondante » (Robarts [1974] : 119). Même si certaines personnes ayant des propriétés importantes ont dû disposer de réserves de nourriture, la réciprocité et la distribution s'effondrèrent. Il fut dit que les plus forts firent des plus faibles leurs proies. Mais dans la mesure où on ne parle pas de cannibalisme motivé par la faim et où nul cas ne fut jamais décrit, de tels propos constituent plutôt une expression de la désintégration sociale produite par la famine qu'une description des événements. Chaulet laisse entendre que deux pratiques anti-sociales, le cannibalisme et l'inceste – que désignait toutes deux le mot *kaikaia* – étaient conceptuellement associées : « On dit que les parents mangeaient même les enfants » (AMS : 22).

Connaissant ces crises périodiques, on aurait pu attendre que des faits similaires au rejet des chefs à Rapanui se passent aux Marquises. Il en va bien ainsi, quoique dans une moindre mesure. Les chefs perdirent le contrôle global de la terre mais ils demeurèrent pourtant des personnages prééminents et importants, malgré une dispersion du pouvoir.

La caractéristique principale qui sépare les Marquises du modèle hypothétique ancestral polynésien est que les chefs avaient perdu le contrôle sur le « travail des dieux ». On n'a aucune preuve de ce qu'ils reçurent jamais les prémices, ni qu'ils célébrèrent jamais des cérémonies en rapport avec la fertilité. Cela dit, les gens pensaient que certains *tau'a* (chamans) avaient un « pouvoir sur les éléments et les saisons », et plus particulièrement, on « croyait fermement qu'ils rendaient fertiles les arbres à pain » (Crook, *Description* : 137-138). De ce fait, c'est eux qui recevaient généralement les présents de nourriture et qui étaient reconnus dans plusieurs îles, alors que l'autorité des chefs était généralement limitée aux groupes vivant dans une vallée ou dans une partie de vallée[12].

MODÈLES DE L'HISTOIRE DE LA POLYNÉSIE ORIENTALE

Le cas des Marquises et de Rapanui suggère un modèle général d'opposition entre de telles sociétés et celles qui sont dominées par une chefferie ou une royauté inclusive. Ces dernières pourraient être considérées comme modèle de référence si l'on suppose que l'unité du système traditionnel polynésien était assurée par des chefferies inclusives. Une telle affirmation pourrait être justifiée sur la base de la fréquence des distributions d'offrandes des prémices qui manifestent directement la dette de la société à l'égard du chef considéré comme le pourvoyeur de vie et la cause de la croissance.

On constate d'abord une évolution générale de la prééminence des chefs à celle des guerriers. Ensuite, le chef perd son caractère de souverain régulier recevant des offrandes pour devenir un usurpateur et un conquérant. Il s'agit d'ailleurs peut-être d'une variante de la première évolution, ce qui laisse entendre que les activités guerrières sont assimilées à la chefferie puisque dans le premier point les chefs sont généralement remplacés par des guerriers. Les Marquises et Rapanui reflètent respectivement ces tendances divergentes. Celle-ci témoigne d'une rupture politique extrême alors que celles-là expriment une situation moins significative en elle-même. La troisième évolution correspond au passage d'une situation dans laquelle les chefs sont les maîtres rituels *par excellence** et soutiennent la production et la fertilité, à une situation dans laquelle les chamans ne sont plus limités à la sphère relativement étroite du guérissage, ont acquis la capacité de contrôler le climat et les récoltes et sont devenus de manière générale plus importants. Ils tendent aussi à remplacer les prêtres « officiels » (qui sont essentiellement des mandataires ou des serviteurs des chefs), et à occuper les *marae*, les sites cruciaux de l'activité rituelle. Aux Marquises (et tout aussi bien dans l'île de Niue), la perte d'influence des chefs était très marquée à ce niveau rituel : le chamanisme en général et certains chamans en particulier devinrent de la plus haute importance[13].

On pourrait tenir ces changements pour « régressifs » en ce sens que la centralisation est affaiblie, sans que cela implique nécessairement une diminution des inégalités ou de la stratification. Il est peu plausible de placer ces sociétés, comme le fait Goldman, sur un *continuum* allant du système « traditionnel » le plus égalitaire au système « stratifié ». La mise en pièces radicale de la structure centrale de la chefferie n'aurait pas permis l'émergence de confédérations de chefferies d'ampleur régionale ou de petits royaumes. Des sociétés telles que les Marquises représentent une étape divergente, qui semble plutôt les éloigner des systèmes « stratifiés » que les en rapprocher. Si on considère l'« évolution » comme un changement orienté et la « régression » comme son annulation, il devient pratiquement impossible de comprendre de tels cas. Les traits spécifiques de leur histoire, des changements qui ont été décrits, sont gommés par tous les modèles qui imposent de penser en termes de progression unilinéaire.

IMPLICATIONS THÉORIQUES

La situation intermédiaire des sociétés « ouvertes » dans la séquence évolutive proposée par Goldman ne paraît vraisemblable dans sa description que parce que les cas particuliers y sont dénaturés. Dans le cas des Marquises, il laisse entendre que tout le monde pouvait devenir chef et que les chefs n'avaient de toute façon pas une grande autorité, mais il ne perçoit pas la raison pour laquelle les chefs ont été rendus impuissants relativement aux rituels de vie

* En français dans le texte.

et aux rapports de propriété. De la sorte, la différence entre un chef dans un système « ouvert » et son équivalent dans une société « stratifiée » a l'apparence d'une différence quantitative : l'un a moins de pouvoir, l'autre plus. Il est alors facile d'imaginer que le premier pourrait d'une manière ou d'une autre en acquérir plus et finir par ressembler au second. Si l'on abandonne cette métaphore quantitative pour s'attacher aux types particuliers d'autonomie et de capacités dont disposent certains individus privilégiés, il paraît évident que la différence est qualitative. Le fait que les chamans ont acquis un rôle crucial dans l'action rituelle en rapport avec la vie ne peut pas rentrer dans un modèle d'évolution pensé en termes de stratification croissante (ou décroissante), alors que ce fait constitue un des éléments centraux des modèles dominants de transformation politique dans la Polynésie orientale.

La différence entre mon interprétation d'ensemble et celle de *La société polynésienne d'autrefois* dérive pour une part des approches théoriques employées, dans la mesure où dans le travail de Goldman comme dans la pensée évolutionniste en général, l'évolution est étroitement identifiée à un mouvement progressif vers une hiérarchie et une complexité croissantes. Même s'il n'y a pas d'affirmation explicite du fait qu'il *doit* en être ainsi, la possibilité d'une « régression » n'est pas prise en compte. De plus, il apparaît que toutes les modifications se sont inscrites sur un *continuum* comportant une inégalité croissante, une intégration régionale et ainsi de suite. Il n'y a aucune place pour des transformations divergentes qui n'auraient pas une valeur évolutive positive ou négative.

La réévaluation de ce que la société de Rapanui au XVIIIe et au XIXe siècles représentait dépend de preuves archéologiques. L'utilisation d'un tel matériel – même s'il est dans le cas présent tronqué et simplement illustratif – ne revient pas simplement à s'appuyer sur un autre ensemble de données pertinentes puisqu'il permet de traiter les changements à long terme en tant que processus historique localisé, plutôt que comme différence abstraite entre les sociétés qu'on compare. L'information archéologique est bien sûr généralement problématique et schématique et ne constitue pas la base d'une photographie précise du genre de celle qu'on peut tirer des matériaux historiques et ethnographiques. Reste qu'il y a une différence radicale entre une logique qui utilise une métaphore temporelle pour résumer la multitude de différences qui séparent deux sociétés qui existent au même moment, et une argumentation qui spécifie les transformations à long terme dans une société donnée. Cette société peut bien être dans un rapport de transformation avec d'autres, mais ses origines et ses divergences doivent être spécifiées par l'étude préhistorique plutôt que par une imputation abstraite. La force d'une argumentation évolutionniste devrait résider dans sa capacité à rendre compte des formes du changement à long terme. La reconstruction des processus au moyen de séquences préhistoriques et historiques ne nécessite pas d'abandonner cette dimension généralisatrice, mais elle permet de rendre compte concrètement et spécifiquement de cas qui cessent d'être subordonnés à une logique d'étapes, d'échelles et de chemins.

Les différences entre les diverses perspectives possibles tiennent aussi à la forme des données. Les propositions d'Handy étaient dérivées d'impressions générales et de descriptions. Une description alternative de la société marquisienne peut s'appuyer très largement sur des situations et des événements particuliers : une analyse, par exemple, de la situation et des conflits dans la vallée de Taiohae (à Nukuhiva) au début du XIXe siècle permet de produire une description des relations sociales liées à la terre qui diffère sous des aspects centraux de l'image issue de descriptions moins particulières. Il se peut que la plupart des interprétations soient fondées sur un mélange de généralités et de descriptions circonstanciées, mais je soutiens l'idée que les « événements » présents dans les descriptions anthropologiques ne sont pas toujours aussi particuliers qu'ils le paraissent. En tout cas, le problème se pose du degré auquel les différentes formes de matériau apparemment brut font naître des différences systématiques d'interprétation.

Les propositions générales sur la société ou la culture (telles que les « règles » de comportement) ont tendance à être saturées par la couleur particulière des constructions théoriques des informateurs ou des observateurs. Dans la mesure où les images générales des personnes (collectives) ont de l'importance, il faut prêter attention à de telles constructions. Mais elles ne reflètent pas nécessairement des représentations sociales effectives dans la pratique ou dans les dynamiques sociales et politiques. D'un autre côté, les images d'événements et de situations particulières sont plus directement parlantes pour la compréhension des pratiques et des formes de changement. Il ne s'agit pas, bien sûr, d'opposer ici l'idéologie et la réalité, ni la description scientifique et les modèles internes liés à la culture. Des notions profondément enracinées de différents ordres animent toutes les descriptions, qu'elles soient énoncées librement par des sociétés non-étatiques ou extorquées par des questions, fabriquées dans le feu de l'action ou dans le détachement scientifique par des étrangers – et qu'elles visent des moments particuliers ou des tendances générales. Je ne prétends pas que les descriptions d'événements et les notions théoriques sont respectivement claires et opaques, mais la perméabilité et la constitution des descriptions est un processus irrégulier qui permet de tirer des conclusions différentes à partir de différents types de description, qui exclut certaines conclusions temporairement et d'autres définitivement. Certains comptes-rendus peuvent être lus à contre-fil et présentés de façon biaisée pour se plier aux objectifs d'un analyste, d'autres non, d'autres encore font passer en fraude des spécificités de leur perspective dans l'analyse qui les utilise. Les circonstances dans lesquelles les structures symboliques apparaissent et sont mises en œuvre dans l'action peuvent être incluses dans une analyse des dynamiques sociales et culturelles mais il est rare que les concepts et les métaphores centraux de cette structure le puissent. Les idées offrent rarement un commentaire de leur propre genèse. De ce fait, les anthropologues doivent prêter attention aux événements et aux pratiques autant qu'aux représentations. Certaines images dominantes dans les cas des Marquises et de l'île de Pâques ne diffèrent pas substantiellement de celles d'autres sociétés polynésiennes. Seul l'examen des relations sociales et de l'importance des images dans la pratique pourrait révéler les caractères remarquables et distinctifs de la vie sur ces îles.

CHAPITRE 6

Voyages philosophiques ou peu philosophiques

« [...] *quelques travaux érudits et ingénieux sur l'espèce humaine ont paru récemment, écrits par des philosophes dont les noms seuls semblent former une recommandation suffisante. J'ai pourtant rapidement observé qu'induits en erreur par des descriptions vagues de voyageurs peu philosophes qu'ils ont parfois transformées et façonnées à dessein pour les adapter à leurs propres opinions, leurs systèmes, tout ingénieux qu'ils fussent, sont rarement proches de la nature. Il semble en effet que l'erreur générale de ces écrivains est de n'étudier l'humanité que depuis leur cabinet – ou, au mieux, de n'observer nulle nation que les plus civilisées.* »

Johann Reinhold Forster,
Observations faites lors d'un voyage autour du monde (1778).

Ces critiques ressemblent à la répudiation accomplie dans les descriptions ethnographiques du début du XXe siècle de l'anthropologie spéculative « de cabinet ». L'anthropologie qui s'élaborait dans les salons de lecture ne s'opposait pas, bien sûr, à une école professionnelle constituée d'études mieux fondées, mais à un vaste ensemble d'écrits de différents types qui s'appuyaient plus directement sur une expérience vécue chez les « sauvages ». Une bonne part de la critique que j'ai effectuée jusqu'ici se fonde sur l'appariement de descriptions ethnographiques de sociétés « traditionnelles » faites au XXe siècle avec un savoir qui s'appuie sur des évocations et des descriptions trouvées dans un étrange fatras de publications et de documents plus anciens. L'une des thèses de mon essai consiste à dire qu'il est vital de connaître ces faits qui ne sont accessibles qu'au moyen de tels fragments et de telles constructions théoriques et qu'il est vital de lier ce type de sources avec les descriptions ethnographiques professionnelles ultérieures qui semblent plus lisses. Cette affirmation peut paraître aller de soi mais elle va contre l'idée anthropologique profondément ancrée que les autorités anciennes, et en particulier les descriptions missionnaires, sont d'une valeur limitée et douteuse – manquant au mieux de systématicité et étant au pire pleines de préjugés[1].

L'antipathie qui oppose sur le terrain les anthropologues et les missionnaires a de nombreux fondements, notamment leur apparent conflit d'intérêts : les missionnaires sont censés éradiquer les traditions et les rituels païens que les anthropologues souhaitent étudier. Les pratiques missionnaires ont été, par définition, interventionnistes et ont souvent suscité des critiques pour diverses raisons. Mais l'exclusion méthodologique de certains types d'informations a un autre fondement dans la configuration plus large du discours anthropologique. Le travail de terrain accompli par un enquêteur formé constitue depuis longtemps une caractéristique centrale de la pratique disciplinaire. Qu'il s'agisse d'un processus rigoureux ou, comme dans le récit plus honnête de Geertz, d'une tentative de « retomber sur ses pieds » (chapitre 2), cette forme d'apprentissage est tenue pour la seule source valable du savoir anthropologique. Le récit de Geertz implique que ni ceux qui ont eu l'expérience d'une situation sans avoir pour but l'enquête de terrain ethnographique, ni ceux qui réfléchissent sur les situations sociales sans une telle expérience ne peuvent parvenir à une compréhension véritablement anthropologique. Son idée est ainsi que l'analyse et l'interprétation découlent directement d'une méthode ou plutôt d'une activité valorisée qui est constitutive de « l'anthropologue » en tant que personne et acteur. La difficulté tient pourtant à ce que certains types d'informations cruciales relatives à certaines cultures ne peuvent pas être obtenues au moyen de l'enquête de terrain – ni d'ailleurs en plongeant au hasard dans quelques sources historiques d'une façon qui resterait extérieure au projet d'enquête de terrain. Une description historique adéquate repose souvent sur une recherche longue et rigoureuse, et pourtant la recherche historique sérieuse est dévalorisée de deux manières en anthropologie : comme pratique, elle ne semble pas tendue par un effort interprétatif de traduction d'une culture tout en manquant du caractère expérimental de l'enquête de terrain (qui peut être mis en avant dans des perspectives variées, positiviste, matérialiste ou interprétative). Ensuite, elle s'appuie sur des descriptions tenues par les utilisateurs de l'ethnographie professionnelle pour erronées, partiales, idéologiques et en général inadaptées. Dans la mesure où la question « méthodologique » du statut des différents types de sources anciennes est directement liée à la question « théorique » de savoir si une anthropologie historique est désirable et réalisable, le fondement de cette exclusion générale doit être examiné.

LES CARACTÉRISTIQUES DE L'ETHNOGRAPHIE MISSIONNAIRE

Malinowski a écarté les contributions missionnaires dont il affirmait qu'elles s'illustraient par des propositions aussi grossières que celle-ci : « Nous apprenons à des hommes sans loi à devenir obéissants, à des hommes inhumains à aimer, à des hommes sauvages à se transformer » (C. W. Abel, dans Malinowski 1922 : 10 n.). Plus spécifiquement, sa critique portait sur le fait que l'idée selon laquelle le sauvage était gouverné principalement par l'instinct ou par des « passions non-maîtrisées » ne permettait pas de percevoir le « code strict de comportement et de bonnes manières » qui prévalait en fait. Même si on ne peut guère nier que certains missionnaires étaient véritablement obtus, il est très peu vraisemblable que tous pensaient vraiment qu'il n'y avait pas de règles de conduite dans les sociétés primitives. Des affirmations aussi extravagantes, quand elles sont émises, s'avèrent souvent contredites par le matériau présenté dans le même texte missionnaire. Mais Malinowski cite la propagande évangéliste comme si elle exprimait et représentait vraiment la pensée missionnaire. Il ne mentionne même pas le fait que le livre qu'il cite, *La vie sauvage en Nouvelle-Guinée*, était destiné aux enfants (le texte commence ainsi : « Garçons et filles de Grande-Bretagne ! Je veux vous présenter mon ami, l'étrange et sauvage habitant de Nouvelle-Guinée » [Abel 1902 : 11]). Il aurait été tout à fait étonnant que des textes de ce type, écrits principalement pour susciter des dons d'argent, montrassent quelque espèce de détachement universitaire. Le fait que la phrase citée par Malinowski soit sous la forme « avant / après », manifestant la transformation du sauvage en chrétien, révèle l'intention polémique centrale. Les contrastes frappants qu'il fallait rendre apparents aux lecteurs de la littérature missionnaire issue des régions dans lesquelles l'Évangile avait déjà pris place constituaient la promesse que les fonds dépensés à étendre l'entreprise allaient produire, à coup sûr, des résultats supplémentaires (des métaphores agricoles furent souvent employées dans ce contexte). Analyser cette littérature – souvent réécrite et éditée par des auteurs métropolitains – comme s'il s'agissait d'une expression exacte du savoir des missionnaires de terrain reviendrait à identifier les analyses des intellectuels des partis aux affirmations des manifestes électoraux. Cela étant dit, même dans de tels travaux, une bonne part de la description est bien plus proche de l'écriture anthropologique traditionnelle que ce qu'on peut s'attendre à trouver en ayant lu des auteurs tels que Malinowski. Un paragraphe présente d'une façon directe, quoiqu'élémentaire, les différences entre les familles « papoues » et celles que nous connaissons :

> *« Une paroi d'environ un mètre de haut divise la maison en deux ; la partie avant est réservée aux hommes de la famille et l'arrière – qui est plus petit – est à la disposition des femmes. Une maison n'est jamais occupée simplement par un homme, son épouse et sa famille. Les oncles, les tantes et les cousins de degré éloigné sont inclus dans le cercle familial. Les relations ne sont pas aussi simples que chez nous. Du côté de la femme en particulier, les liens sont très étroits. Par exemple, si vous étiez un garçon ou une fille de Nouvelle-Guinée, le frère de votre mère compterait comme un père et sa sœur comme une mère ; vos cousins germains du côté maternel seraient en fait vos frères et sœurs, etc. De telle sorte que si vous demandez au maître d'une maison en Nouvelle-Guinée de qui est constituée sa famille, vous verrez qu'elle comprend des parents qui ont un grand pouvoir sur lui, bien qu'ils soient liés à lui de façon distante pour nos façons de penser ignorantes. »* (Abel 1902 : 28-29).

Malinowski n'a pas remarqué qu'une certaine curiosité ethnographique était perceptible dans les écrits des missionnaires. Celle-ci n'était que peu liée aux objectifs de la mission et s'il est parfois explicitement affirmé que les systèmes indigènes devaient être compris afin d'être modifiés ou subvertis, il s'agissait tout autant d'une manière de légitimer l'intérêt qu'on leur portait que de l'indication réelle d'une relation qui était en fait généralement ténue. Il est clair que certains de ces auteurs estimaient posséder une soif de connaissance détachée de tout objectif instrumental. Dans la préface à la seconde édition de sa synthèse, les *Recherches polynésiennes*, William Ellis notait que diverses descriptions anciennes avaient « fait naître un fort désir d'obtenir des informations supplémentaires » relatives à différents sujets tels que « la nature des institutions anciennes [des Polynésiens] » (1831, I : xix). Alors que de grands changements avaient eu lieu, principalement consécutifs à l'adoption du christianisme, la connaissance des situations et des attitudes d'autrefois paraissait s'étioler.

> *« Le moment présent constitue de ce fait la dernière occasion de préserver un ensemble de faits liés à la situation passée des habitants ; susciter, autant que possible, leur enregistrement authentique et les préserver ainsi de l'oubli est un objectif que l'auteur a toujours gardé à l'esprit. »* (*ibid.* : xix-xx ; cf. Gill 1894 : 8-9).

Ellis remarque plus loin que la relative simplicité de la société polynésienne offrait des « facilités » particulières pour l'observation des « caractéristiques essentielles » et des « tendances » de l'idolâtrie « qu'on ne pouvait pas obtenir dans un état plus avancé de la société » (*ibid.*). Sa description était ainsi censée servir à la connaissance générale des sociétés païennes[2]. Dans une certaine mesure, le travail linguistique détermina la forme du recueil des données, de l'utilisation d'informateurs et des enquêtes, parce que dans la plupart des cas la compétence dans des langues précédemment inconnues était absolument indispensable à un travail missionnaire efficace[3]. Dans certains cas, les journaux des missionnaires montrent clairement que l'obtention de listes de mots les a conduits à aborder d'autres sujets tels que les noms des divinités et à effectuer d'autres activités telles que la réalisation de recensements (p. ex. Darling 1834-1835).

Certains missionnaires tenaient pour vertueuse la rédaction de comptes-rendus précis et il est clair que certaines descriptions missionnaires de croyances ou de coutumes résultaient d'enquêtes spécifiques plutôt que de l'observation qui était une activité marginale pour eux. Elles donnèrent lieu à de nombreux travaux de description relativement détaillés et précis, dont certains ne contiennent pratiquement pas de propagande missionnaire. La légitimation de tels écrits en tant qu'éléments de description adéquats est parfois explicite : c'est en produisant le savoir d'une certaine façon qu'une description « correcte et fiable » des « coutumes et des façons de faire, des activités, de l'environnement [et] des modes de pensée », etc., peut être composée, comme le note James Gilmour dans la préface de *Chez les Mongols* :

> « [Ce livre] *n'est pas une description missionnaire, ni le journal d'un voyageur, ni une compilation réalisée par un étudiant mais a pour source ce que j'ai vu, entendu et vécu alors que je voyageais avec les indigènes dans le désert, que je partageais avec eux l'hospitalité de la tente au bord du chemin, que je prenais mon tour dans les gardes de nuit contre les voleurs, que je me reposais dans le confort relatif d'une tente de voyage portable en tissu ou que j'habitais en pensionnaire dans leurs demeures plus durables en treillage ; et ce que j'ai ressenti dans mon apprentissage de la langue et ma familiarisation avec le pays, puis dans la poursuite de mes devoirs de missionnaire.* » (1883 : 5-6).

Gilmour continue en indiquant de quelle région provient son savoir et réaffirme que la combinaison de la compétence linguistique et de l'observation attentive est le fondement d'une description sûre. Cela évoque bien sûr au plus haut point l'insistance que mit ultérieurement Malinowski sur l'importance du contact intime de l'ethnographe avec la population indigène (contact qui implique des relations amicales et le partage des difficultés), mais témoigne aussi d'un dispositif beaucoup plus général de justification et d'authentification dans les travaux descriptifs portant sur des régions ou des peuples éloignés : il est indispensable de préciser dès le début quelles sont les qualifications spécifiques de l'auteur dans la mesure où elles fournissent la base de la croyance dans sa description. Celles-ci sont parfois même exprimées dans des titres tels que *Dix-sept ans chez les Dayaks* ou *Voyages en Afrique*, qui permettent de distinguer un travail reposant sur l'observation personnelle d'une compilation de seconde main. Ce mécanisme est apparent dans les livres de Gilmour et de Malinowski en ce que le caractère spécial du savoir produit est défini par une série d'exclusions : leur travail ne repose pas simplement sur des observations personnelles mais sur une familiarité bien plus profonde que celle que les voyageurs occasionnels pouvaient acquérir. Cela apparaît chez Malinowski par le renoncement à la compagnie des autres hommes blancs et chez Gilmour par la diversité des expériences quotidiennes qu'il a partagées avec les Mongols. L'anthropologie contemporaine a eu tendance à allonger les paragraphes introductifs qui donnent une idée de l'aspect personnel de l'enquête de terrain. Cela revient en fait à développer de façon effrénée la dimension littéraire du texte et à affirmer de façon intransigeante sa validité sous le masque d'un tableau innocent des circonstances du travail[4].

Une position plus spécifique que celle de Malinowski consiste à dire que les descriptions missionnaires sont dénuées de valeur quand elles traitent de sujets religieux en raison de l'antipathie des auteurs envers les croyances religieuses non chrétiennes. En fait, de nombreux cas témoignent du fait que l'expérience des observateurs missionnaires les a clairement conduits à penser que la magie païenne était efficace en pratique (p. ex. Marzan 1908). Les Européens qui n'étaient pas missionnaires étaient fréquemment convaincus que la sorcellerie fonctionnait : Edward Robarts conclut ainsi sa description par les mots : « je l'ai vu et je sais que c'est vrai » ([1974] : 255). Il avait quelque raison de se sentir menacé, puisqu'un Français hostile qui résidait également à Nukuhiva avait essayé d'acquérir des connaissances sur les rites magiques en vue de le tuer. Les descriptions missionnaires publiées font généralement référence en passant au caractère fallacieux ou critiquable de certaines croyances ou aux « absurdités contradictoires » du système dans son ensemble (Williams 1884 : 211). Mais de telles propositions ne peuvent pas être tenues pour les prémisses ou les principes structurants de leurs expositions globales. Si tel était le cas, leurs discours insisteraient sur les discontinuités et l'absence de cohérence. Or, la tendance du savoir occidental à la systématisation mettait généralement à mal cette impulsion, ce qui fait que les descriptions des croyances religieuses « païennes » visaient en fait à expliquer les rites ou les observances singulières à partir de structures telles que le culte des ancêtres qui les rendaient sensées dans leur contexte[5].

À ce point, il faut noter la différence existant dans le corpus des écrits missionnaires entre les lettres et les journaux inédits et ce qui était destiné au public. On peut relever dans les écrits privés de longs passages d'examen de conscience et de nombreux préjugés sur les systèmes indigènes, mais aussi de grandes masses de discussion ethnographique et linguistique autonome. Sous forme publiée, cet intérêt prenait une forme didactique bien que les premiers périodiques aient souvent présenté des lettres de terrain ou des extraits de journal missionnaire sous une forme abrégée mais relativement peu modifiée. L'écart est plus grand avec les publications ultérieures destinées au grand public comme celle que cite Malinowski qui sont clairement composées et organisées par une intention didactique centrale. La préparation d'articles tels que « La description des Îles Marquises[6] » de 1800 reposait sur une certaine conception de la rigueur qui semble avoir été tenue pour une nécessité purement scientifique ; il était dit explicitement que certaines choses (comme les pratiques homosexuelles) pouvaient être mentionnées dans ce genre de discours « privés » mais sans qu'il faille aller plus loin.

LA FORME DU SAVOIR ETHNOGRAPHIQUE

De nombreuses questions portant sur les mérites et les utilisations de certaines descriptions doivent inévitablement être soulevées dans la pratique de la recherche. La perspicacité des auteurs varie et la nature de leurs travaux exige parfois une plus ou moins grande attention à la linguistique ou à la description ethnographique. On ne peut évidemment pas résoudre ces problèmes à un niveau général. Nos jugements doivent être portés sur des cas particuliers et dépendent tout autant des objectifs du chercheur – ce qu'il ou elle souhaite tirer d'une source – que sur les caractéristiques particulières du texte. Je tiens plutôt à insister sur le fait que cette sorte de travaux « préanthropologiques » n'a pas mérité le discrédit qu'elle connaît. Ces travaux ont été rejetés en raison de la catégorie vague à laquelle ils ont été assignés, plutôt que sur la base de critères qui pourraient également être appliqués aux descriptions anthropologiques modernes. Comme je l'ai dit dans le chapitre 2, cela tient évidemment à la professionnalisation de l'anthropologie et à l'exclusion des personnes non qualifiées dont l'expérience et la compétence linguistique auraient pu sans cela concurrencer ce que Malinowski appelait « la magie de l'ethnographe » (1922 : 6). De plus, l'accusation de soi-disant préjugés manque de précision quant aux propriétés particulières de ce type d'écrits qui sont tout à la fois des descriptions valant pour elles-mêmes et des « sources » dans divers autres contextes.

Bien qu'on puisse tenir la distinction entre la synchronie et la diachronie pour un résultat de la pensée linguistique moderne, les descriptions des sociétés du Pacifique de la fin du XVIIIe et du début du XIXe siècles étaient fréquemment divisées en un récit d'une série d'événements et en une autre partie qui relève de l'exposition synchronique – non pas exactement de la culture ou de la grammaire, mais des façons d'être, des coutumes et d'attributs généraux. Dans la plus importante des descriptions anciennes de Tonga, celle qui repose sur l'observation participante effectuée par William Mariner entre 1806 et 1810, les deux tiers du texte environ sont consacrés au naufrage de Mariner, à ses difficultés, son implication dans les guerres, son adoption et ses expériences en général, alors que presque tout le reste concerne « les façons d'être, les coutumes et les sentiments » décrits sous les rubriques suivantes : La hiérarchie religieuse, civile et professionnelle dans la société ; La religion ; Les cérémonies religieuses ; Le savoir ; La toilette ; Les habitudes domestiques ; Les loisirs ; La musique et la poésie ; et Le langage (Martin 1827, II : 81). De la même façon, les descriptions russes des Marquises étaient partagées entre le récit des rencontres avec les chefs, du commerce, de l'exploration de l'intérieur des îles, etc. et l'analyse générale des habitations – de la guerre – du cannibalisme – de la production – de la religion – des tabous – etc. (Krusenstern 1813 ; Lisiansky 1814[7]).

Les réflexions proposées dans ces chapitres d'exposition ont un caractère « ethnographique » plutôt que narratif parce que leurs objets sont des catégories ou des totalités sur lesquelles sont énoncées des propositions. Dans « La description des Îles Marquises » de Crook (1800), les types de prêtres, les formes de hiérarchie et les « usages » sont évoqués sans référence à des manifestations ou à des circonstances particulières. Dans une description manuscrite plus tardive, les « Notices géographiques, ethnographiques… » de Chaulet, nous trouvons un travail similaire d'induction, de distinction et d'élaboration. Dans un chapitre portant sur la religion, les prêtres et les prêtresses sont pris en compte sous les catégories majeures de *tuhuka* (celui qui chante et accomplit les sacrifices) et de *tau'a* (les chamans ; définis comme ceux qui sont spécialement chargés de faire connaître la volonté divine et de s'assurer qu'elle est respectée). Onze types différents de *tau'a* sont identifiés et de nombreux rituels (tels que certains sacrifices) sont décrits :

> *« Pour obtenir une pêche abondante, les pêcheurs commencent par apporter sur quelque lieu sacré une longue tresse de feuilles vertes de cocotier à laquelle ils suspendent un long ceinturon d'*ute *pour se rendre propices les dieux pêcheurs qui y sont censés spécialement habiter. Ceci s'appelle* hami oa. *Ils préparent ensuite des confitures de* poke *et de* kaku [préparations à

base du fruit de l'arbre à pain] *qu'ils emportent avec eux. Arrivés à l'endroit où ils veulent pêcher, ils y jettent la confiture, le* poke, *le* kaku, *afin de se rendre favorables les dieux de la mer* » (Chaulet, *Notices* : 145).

Il s'agit d'une description de procédures et de règles et non pas de singularités, de moments particuliers ayant été observés, de choses qui n'ont eu lieu qu'une seule fois. La question de l'événement est en fait supprimée au bénéfice d'un domaine de possibilités et de situations générales : les pêcheurs font ceci quand ils vont pêcher ; le sorcier fait cela quand il veut tuer quelqu'un ; on organise cette cérémonie quand la fille d'un chef a ses premières règles. Le lecteur cesse de considérer tel ou tel sorcier en une certaine occasion pour saisir le domaine général des procédures comme dans un code juridique. Le temps et le registre distinguent l'écriture ethnographique de descriptions qui ne s'aventurent pas dans l'espace des abstractions partielles et qui ne perçoivent pas l'espace complet des possibles.

On retrouve cette façon d'écrire dans les récits de voyage autant que dans ceux des missionnaires. Dans certains cas, les déserteurs européens résidant dans les îles ont fourni et interprété une information locale complexe, qu'il n'aurait pas été possible d'obtenir et de comprendre au cours de brefs passages de navires. Mais souvent, et en particulier dans la toute première période de contact, personne ne disposait d'une telle capacité et on voit clairement que les interprétations des explorateurs sont peu sûres. Dans la littérature de voyage, nous retrouvons ainsi la forme du savoir ethnographique en l'absence de son fondement – la compétence linguistique et les relations intimes et prolongées avec une population. Ces conditions sont axiomatiques dans l'anthropologie moderne, mais elles étaient virtuellement admises bien plus tôt. Cook, par exemple, était conscient des limites du matériau recueilli au cours de ses propres voyages. D'après James Boswell, qui dîna avec Cook et d'autres membres de la Royal Society en avril 1776, « il confessa candidement [...] que lui-même et ses compagnons qui avaient exploré les îles des Mers du Sud ne pouvaient être certains d'aucune des informations qu'ils avaient recueillies [...]. Leur connaissance de la langue était si imparfaite qu'ils avaient besoin de l'aide de leurs sens et tout ce qu'ils apprirent au sujet de la religion, du gouvernement ou des traditions pourrait être relativement erroné » (cité dans Cook [1961] :

234 n. 5). Boswell envisageait apparemment lui-même « d'aller dans une des îles pendant trois ans pour en apprendre la langue et rapporter une description complète » mais espérait qu'en contrepartie il recevrait « une belle pension à vie » du gouvernement (*ibid.*).

Bien sûr, aucune enquête de terrain du type de celle envisagée ici ne fut entreprise avant le début du XXe siècle. Mais ce qui distingue l'ethnographie moderne est plus son orientation professionnelle que toute autre différence essentielle relative au savoir qu'elle construit[8] : comme on le sait, de nombreux missionnaires possédaient une compétence linguistique et un savoir reposant sur des décennies d'expérience, et non pas sur un ou deux ans. Dans le Pacifique, certains auteurs qui n'étaient pas missionnaires ont pu s'appuyer sur des expériences très proches de l'idéal d'« immersion » dans la société locale, dans la mesure où ces déserteurs ou écumeurs des mers européens furent utilisés comme guerriers par certains chefs, prirent femmes dans leur famille, se firent tatouer et, plus important encore, acquirent une compréhension pratique et une maîtrise (relative) des tactiques et des stratégies indigènes de par leurs propres actions et manipulations. Ces individus avaient en général moins d'éducation que les missionnaires et pratiquement aucun n'écrivit de description ethnographique au sens strict, bien qu'il y ait de nombreux ouvrages dont les titres sont du type *Mon naufrage et mes aventures dans les îles des Mers du Sud, avec une description des fêtes, des massacres, etc.* Mais dans certains cas, des ouvrages furent écrits avec l'aide d'un homme instruit ou par un homme instruit à partir d'entretiens et de discussions. L'exemple le plus célèbre est certainement la *Description des Indigènes des Îles Tonga* qui fut écrite par le docteur John Martin à partir des informations fournies par William Mariner qui vécut à Tonga de 1806 à 1810. Mariner survécut à la prise de son navire par les Tongiens alors qu'il n'avait que quinze ans et, selon H. E. Maude, il « assimila la culture tongienne aussi naturellement qu'il l'aurait fait de la sienne à cet âge impressionnable » (1968 : 173). Dans de tels cas, la construction décousue de la description ethnographique s'accorde à ce qu'on peut considérer comme sa source expérimentale.

La combinaison de ces éléments ne suffit pas, bien sûr, à rendre une description valide ou pénétrante. Il s'agit plutôt de remarquer que les problèmes spécifiques aux descriptions pré-anthropologiques des peuples indigènes ne peuvent pas être résumés par l'absence des éléments constitutifs d'une bonne pratique ethnographique. Les questions qu'elles soulèvent sont aussi diverses que celles qu'impliquent les différents types d'ethnographie professionnelle. Aucune distinction méthodologique ne peut être faite entre une ethnographie missionnaire et certains produits de la recherche moderne sur lesquels s'appuient les études synthétiques ou comparatives. Cela étant dit, le corollaire de cette équivalence est que les descriptions ethnographiques anciennes ne peuvent pas simplement être considérées comme des « sources » ou des matériaux bruts. Puisque mon analyse du travail de Goldman consiste en partie à dire que certains problèmes tiennent à son inattention envers les propriétés de l'ethnographie de musée, on doit reconnaître que des difficultés du même ordre peuvent naître de l'utilisation de matériaux antérieurs. Ces difficultés sont présentes d'une certaine manière dans les discours proprement « ethnographiques » et d'une autre manière dans les discours apparemment moins sophistiqués traitant « des fêtes, des massacres, etc. ».

Dans l'ethnographie de la fin du XVIIIe et du début du XIXe siècles, les attributs physiques et sociaux n'étaient en général pas radicalement distingués dans la description des individus et des peuples. En fait, l'ensemble des traits comportementaux trouvaient une base cohérente dans une certaine conception de l'ethnicité, conçue comme caractère physique et mental. Un tel processus était parfois accompli par l'individualisation de la « race[9] » : les « Fidjiens » ou les « Nukuhiviens » forment un type possédant des attributs. « L'indigène du Sénégal est caractérisé par une disposition timorée » (Forster 1778 : 227). Cette façon de parler permet de caractériser des groupes en termes d'attitudes et de penchants (c'est aussi le cas dans l'écriture moderne, comme dans l'opposition que propose Geertz entre les caractères javanais et marocain en tant que types culturels [1968]). Il est alors possible de faire l'hypothèse que les dispositions sont engendrées sans faire référence à un esprit collectif ou à la culture. Même lorsque les propositions sont complexes, l'observation s'accomplit toujours essentiellement en termes de penchants. On peut voir dans un compte-rendu de la première édition du *Tonga* de Mariner comment les informations particulières nourrissent un tel modèle d'analyse :

> *« Nous apercevons en eux les indigènes d'un pays placé sous un soleil vertical, dotés d'avantages naturels physiques et mentaux, et d'une capacité de résistance et d'une vaillance dans l'entreprise portées à un degré qui égale tout ce qu'on peut connaître*

des habitants des climats les plus roboratifs ; et qui, du point de vue de leurs capacités de réussite, sont à ranger parmi les classes les plus hautes de notre espèce. En même temps, nous les voyons dans un état de société et de morale si barbare qu'il faut les tenir pour des sauvages. Leur plus grande vertu est celle que les Romains tenaient pour la plus haute, la force d'âme *; alors que leur plus grand vice est le plus commun aux barbares et constitue des qualités négatives la plus basse,* la perfidie. *Pourtant, la description qu'on peut faire d'eux tels qu'ils sont nous rappelle souvent les héros de* l'Iliade. » (Anonyme 1817 : 359).

La logique métropolitaine du début du XIXe siècle revenait ainsi à constituer des types nationaux et à faire émerger des parallèles entre certains lieux éloignés et divers épisodes de l'histoire classique ou de la mythologie. De telles observations peuvent prendre la forme de comparaisons naïves, alors que d'autres s'inscrivent sur une trame évolutionniste implicite. Ces notions ont influencé les descriptions d'autres parties du monde dans l'art et le théâtre[10] et ont sans nul doute également eu quelque influence sur ceux qui partaient pour le Pacifique et étaient conduits par la suite à écrire sur les peuples mélanésiens et polynésiens. Mais peut-on dire pour autant que cet ensemble d'observations relativement sottes constitue une idéologie qui a profondément déformé les représentations des insulaires du Pacifique au XIXe siècle ? Certes non, parce que ce discours n'était ni unitaire ni homogène : aucune construction théorique spécifique ne le traversait dans son ensemble et les différents textes sont remplis de thèses incompatibles entre elles. Le commentateur d'un texte relativement plus récent décrivant des expériences vécues dans un atoll de la Polynésie centrale se plaignait du fait que « nous n'avons généralement rien d'autre que de vagues représentations [des insulaires du Pacifique] composées à partir d'images incongrues du cannibalisme et du Capitaine Cook » (Anonyme 1868 : 55). Loin d'imposer des stéréotypes, l'anthropologie spéculative a en fait contrecarré l'autorité descriptive de ceux qui s'étaient véritablement rendus dans le Pacifique :

« L'obéissance est prise pour de la tyrannie et le despotisme et le libertinage des chefs n'ont d'équivalents que la timidité et la soumission correspondantes du peuple. Les philosophes se trompent beaucoup, qui construisent des systèmes de la liberté naturelle. Le sauvage de Rousseau, un être qui vagabonde dans

> *les bois en fonction de son propre désir n'existe nulle part ailleurs que dans ses écrits.* » (Turnbull 1813 : 201).

Nous avons déjà mentionné un problème plus spécifique sous-jacent à la discussion des penchants des indigènes : de nombreux auteurs n'ont pas su voir que les caractéristiques qu'ils projetaient comme les attributs des indigènes tenaient spécifiquement aux circonstances de la confrontation ou du contact. Ainsi, les nombreux rapports sexuels entre marins et femmes polynésiennes – qui semblent avoir été initialement motivés par le désir de porter des enfants engendrés par des êtres apparemment divins et puissants (Sahlins 1981 : 40 ; Ralston 1988) – ont donné naissance à l'image d'un peuple de « libertins » dans les écrits de Bougainville et de nombreux autres auteurs[11]. Dans la description que donne Portman de la culture des Andamans, l'explication naît d'une manière curieuse et circonstanciée :

> « *Ils sont doux et agréables les uns avec les autres.* [...] *Ils sont certainement cruels et jaloux, déloyaux et vindicatifs* [...]. [Mais] *ils sont affectueux envers leurs femmes et ils gardent leurs pires aspects pour les étrangers. Je les ai souvent assimilé aux écoliers des classes populaires de la campagne anglaise...* » (1899, I : 33).

Ici, le contexte d'un certain type de comportement est bien aperçu mais l'auteur suppose toujours qu'un trait particulier, tel que la « déloyauté », est propre aux indigènes et antérieur à tel ou tel incident. Portman a reconnu que ces attributs ne pouvaient être discernés que dans l'interaction entre les Andamans et les intrus étrangers mais il ne considérait pas moins cette dernière comme la circonstance permettant à ces traits d'émerger ou de faire surface plutôt que comme leur cause ou leur origine.

Cook lui-même essaya de contextualiser ce qu'il considérait comme une représentation erronée du caractère féminin tahitien :

> « *Une grande injustice a été commise envers les femmes de Otaheite et des Îles de la Société par ceux qui les ont représentées sans exception comme prêtes à accorder l'ultime faveur à tout homme qui accepterait leur prix. Or il n'en est rien ; les faveurs des femmes mariées et aussi des célibataires de la meilleure sorte sont aussi difficiles à obtenir ici que dans tout autre pays. L'accusation ne peut d'ailleurs pas être non plus portée de façon*

indiscriminée contre les célibataires des basses classes. Qu'il y ait ici des prostituées comme dans d'autres pays est tout à fait exact, peut-être en plus grande proportion, et telles étaient celles qui montaient à bord du navire pour rejoindre nos gens ou qui fréquentaient le poste que nous avions sur le rivage. [....] *Dans l'ensemble, un étranger qui se rend en Angleterre pourrait avec autant de justice décrire le caractère des femmes de ce pays à partir de celles qu'il peut rencontrer à bord des bateaux dans les ports, ou aux alentours de Covent Garden et de Dury lane* [sic]. » (Cook [1961] : 238-239).

Si ce type de propositions est systématiquement présent dans les premières descriptions et si leur logique est irrecevable du point de vue de l'anthropologie moderne, le fait qu'il soit possible de critiquer de telles projections d'attributs indique que ce biais n'ôte pas toute valeur à la description. L'analyse du contexte et la critique des jugements de valeur permettent en fait de lire une « source » en partie comme un commentaire du processus d'observation et d'extrapolation qui lui a donné naissance. Il est aussi possible d'utiliser ces observations, une fois qu'elles ont été reconstituées, à d'autres fins. Ce travail de lecture n'est pas différent de celui qu'on fait en proposant des interprétations structuralistes d'une description ethnographique fonctionnaliste (accomplie par un autre auteur) ou des analyses matérialistes de l'origine des mythes.

Ma thèse générale est ici que le travail de nos prédécesseurs – qu'ils soient lointains ou proches – ne peut pas être effacé simplement à cause d'une contamination idéologique ou théorique. Les prémisses fonctionnalistes n'imprègnent pas toute la fabrication d'une description ethnographique fonctionnaliste. Ce n'est pas parce qu'un fil interprétatif important ou dominant est rejeté que la description ethnographique s'en trouve invalidée de façon générale ou uniforme. Dans tous les cas, les descriptions peuvent être relues avec d'autres intentions et défaites des erreurs qu'on leur impute. Ma critique de l'aspect anhistorique de l'écriture anthropologique conduit à penser que les problèmes qui naissent de cette absence sont plus importants que ce qu'on a bien voulu admettre jusqu'à présent ; mais je ne nie pas pour autant toute valeur à l'ensemble des travaux universitaires anhistoriques. Il s'agit plutôt de voir que les erreurs d'interprétation naissent d'une façon logique. Cette sorte de critique et d'évaluation vaut tout à la fois pour nos prédécesseurs « préanthropologiques » et « professionnels ».

Cette ligne d'argumentation est nécessaire car on rencontre souvent l'idée qu'il y aurait un mouvement de progrès dans la méthode anthropologique vers une connaissance plus accomplie, progrès caractérisé par des ruptures tranchées (en particulier celle qu'a opérée Malinowski) comme par des évolutions plus graduelles et qui repose en particulier sur « la plus grande durée et la plus grande intensité des enquêtes de terrain et la plus grande attention portée par les ethnographes à l'apprentissage de la langue » (A. Hooper 1985 : 4). Cette analyse va de pair avec l'idée que les descriptions ethnographiques anciennes ou les travaux préanthropologiques se trouvent tout bonnement supplantés par les études récentes qui sont plus solidement étayées (c'est-à-dire qui se conforment de manière plus stricte aux critères de mérite qui se trouvent avoir cours et qui, selon les époques, ont privilégié le recueil de généalogies, de données quantitatives ou de certains types de matériau linguistique, etc.). Il n'y aurait aucun sens de l'intérieur de la discipline à nier qu'il y ait eu quelque progrès de méthode d'une manière ou d'une autre. Ma thèse consiste plutôt à dire que les formes antérieures de description ethnographique ont subi un discrédit tout à fait hors de proportion avec les différences réelles qui séparent de tels textes de l'écriture anthropologique moderne. L'exercice d'évaluation comparative qui consiste à mesurer les mérites des recherches récentes ou plus anciennes est de toute façon de peu de valeur puisqu'il traite les travaux ethnographiques de différentes époques comme s'ils étaient substituables les uns aux autres. Ainsi, une subtile étude symbolique récente pourrait prendre la place d'une description ethnographique de musée beaucoup plus grossière ; un anthropologue intéressé par l'histoire pourrait renverser les jugements de valeur et privilégier une source missionnaire à un travail ultérieur. Un « réexamen » d'une localité déjà ethnographiée peut être accompli vingt ou trente ans plus tard. Quand on effectue cette substitution, on présuppose une certaine ressemblance qui est sans doute trompeuse puisqu'en fait les différentes descriptions ethnographiques ne parlent pas de la même chose. Des sources anciennes sont certainement mieux placées pour prétendre refléter une situation traditionnelle ou antérieure au contact, et un endroit comme le centre de Fidji en 1876 ne peut pas être identifié au même endroit observé dans les années 1920 ou 1980 – à moins d'admettre qu'il y ait une « culture fidjienne » qui se tiendrait hors du temps et de l'histoire[12].

AU-DELÀ DE L'ETHNOGRAPHIE : « INCIDENTS » ET RÉFÉRENCES INCIDENTES

Les généralisations supposent qu'on supprime les différences de temps ou de localisation entre les cas et les versions de diverses personnes. Même la simple description d'une séquence événementielle particulière a des chances de condenser une multitude d'observations d'une façon qui dissimulera les différences entre les perspectives distinctes de leurs auteurs. Des propositions relatives aux types de comportements qui ont lieu ou sont censés avoir lieu entre certaines catégories de parents reposent probablement sur de nombreuses observations et de nombreux énoncés. On peut se demander à chaque étape d'une analyse si tel ou tel aspect de cette suppression des différences est désirable. La réponse dépendra d'abord des intérêts et des objectifs implicites dans l'écrit considéré. Dans certains cas, évoquer les différences entre deux villes ou deux villages ne sert à rien d'autre qu'à une élaboration empirique sans intelligence ; dans d'autres cas, ces détails et ces contrastes peuvent alimenter une analyse des processus économiques et politiques dans une région donnée (cf. C. White 1981). Les affirmations divergentes de différents informateurs peuvent aussi être selon le cas cruciales ou sans conséquence (cf. Young 1983 : 3, 53, *passim*). La suppression des différences entre les appréhensions de la « culture fidjienne » à différentes dates constitue ainsi une variante d'une tendance générale et inévitable. Aussi pourrait-on ne pas tenir cette opération pour plus problématique ou pernicieuse que d'autres constructions théoriques qui confondent leurs sources. Mais le contenu de ces mouvements inductifs varie. Dans certains cas, l'exclusion de la variation rend simplement impossible un certain type d'analyse : la façon différente dont les enfants et les adultes se représentent la maison ou le travail. D'autres dimensions de la différence sont plus fondamentales et jouent un rôle dans la constitution de notions qui sont *déjà intégrées* à l'analyse. Les explications anthropologiques qui ne se contentent pas de restituer certains traits sociaux ou culturels à un moment donné suscitent des questions sur la logique des transformations, sur la façon dont un système en un endroit particulier apparaît alors qu'existent apparemment d'autres possibilités. Une étude de l'économie du palmier dans l'est de l'Indonésie, par exemple, a révélé qu'une forme de différence qui aurait pu être expliquée en termes d'adaptation écologique peut être décrite de façon bien plus persuasive en référence à l'histoire des conflits politiques locaux, des activités commerciales hollandaises et à divers autres facteurs (Fox 1977). La suppression du procès historique conduit ainsi à l'erreur plutôt qu'à de simples omissions. C'est ce qu'on peut voir dans l'interprétation fautive que donne Handy de la chefferie marquisienne.

Si on reconnaît que les différences dans le temps importent, l'intérêt des anciennes descriptions ne dépend plus de la façon dont elles se conforment ou non à l'idée de ce que la description ethnographique devrait être.

Les sociétés extra-européennes et les centres « civilisés » étaient des objets de recherche potentiels pour les anthropologues professionnels parce que les contacts antérieurs et les démonstrations de force leur y avaient donné accès, parfois en pacifiant les groupes guerriers ou en étendant la juridiction coloniale. En général, les gens qu'il s'agissait de connaître étaient contrôlés jusqu'à un certain point. Des institutions intrusives telles que les missions et les établissements administratifs étaient facilement repérées comme des entités isolables par les anthropologues. Elles pouvaient être mentionnées mais elles étaient radicalement écartées du cœur de la discussion ethnographique. On se disait que les conséquences de l'intrusion pouvaient être circonscrites autour de ces incarnations ponctuelles de la pénétration. Soustraire ces effets spécifiques du tableau global laissait voir la tradition. Dans tous les cas d'interaction entre les commerçants ou les colons et les populations indigènes, il y eut pourtant des processus plus subtils par lesquels les influences externes produisirent un changement interne. De nombreuses descriptions anciennes sont importantes parce qu'elles évoquent directement les événements constitutifs de tels changements, relatifs aux conditions qui rendent la description possible et transforment toujours déjà l'objet décrit. Les faits évoqués ici ne tombent pas dans le domaine des objets de l'ethnologie : ce sont des événements qui parfois ne surviennent qu'une fois, qui parfois se répètent, et non des « coutumes », des institutions ou des symboles. Les dimensions culturelles de tels actes, de tels accidents, peuvent être parfois suggérées par leur traduction dans des sources orales ou écrites, mais elles peuvent aussi ne pas être reconnues explicitement.

Si certaines idées ou certaines pratiques constituent une tradition perçue comme telle, les peuples indigènes comme les observateurs peuvent avoir un intérêt à dissimuler les relations causales liant la forme de la culture et certains processus historiques, comme le reconnaissait Keesing dans un cas salomonais :

> « *Je suis arrivé chez les Kwaio en annonçant mon intention d'enregistrer leurs coutumes. Je pris progressivement conscience du fait que les Kwaio avaient fait des sacrifices et des prières pour me rallier à leur cause en tant qu'Américain qui allait "écrire" et "renforcer" la coutume kwaio* (kastom) *pour eux.* [...] *Tant que je collectais des généalogies, que j'enregistrais l'histoire des ancêtres, que j'explorais les structures de la parenté, les cérémonies et l'échange, que j'enregistrais les interdictions établies de temps immémorial et participais aux rencontres hebdomadaires dans lesquelles les "chefs"* [...] *débattaient de l'intrication des droits fonciers et du droit coutumier et se prononçaient sur des litiges, mon travail et l'attente des hommes influents étaient étroitement coordonnés.* [...] *En effet, leur engagement politiquement intéressé dans la* [tâche impossible de] *codification du droit coutumier et mon engagement théoriquement fondé dans la* [tâche impossible de] *réduction d'une "grammaire culturelle" à la façon de Goodenough, de Conklin et sans aucun doute de Frake, comportaient, rétrospectivement, une bonne dose de cooptation mutuelle.* » (1985 : 28-29).

On comprend aussi que les processus historiques constitutifs de configurations sociales qui ont été interprétées comme « traditionnelles » ne peuvent pas toujours être discernés de l'intérieur. Il en va particulièrement ainsi quand les échanges et les interactions avec les étrangers ont une longue histoire.

Les premiers contacts entre les représentants du monde européen et les insulaires ont entraîné toutes sortes de trocs, de vols et d'échanges – des actes qui ont suscité des transferts d'objets entre les navires et les sociétés insulaires. Beaucoup de choses ont été écrites sur le passage technologique « de la pierre à l'acier », mais beaucoup moins sur les représentations locales des objets que désiraient les indigènes, objets apparemment utilitaires qui étaient souvent intégrés dans les catégories locales d'objets prestigieux ou de valeur rituelle. Alors que cette littérature a peut-être produit de ce fait une vision restrictive des conséquences du changement, des questions plus complexes relatives à la hiérarchie et aux relations politiques émergent dès que l'on considère l'importation de choses qui peuvent difficilement être décrites comme des « objets de valeur ». La circulation des objets prestigieux indigènes était souvent restreinte de certaines façons. Leur utilisation était liée aux stratégies de certaines élites et de la hiérarchie, qui n'auraient certainement pas pu être maintenues si les biens et leur distribution n'avaient pas été contrôlés ou si des quantités trop élevées avaient rendu impossible la constitution de monopoles. Dans la mesure où les relations hiérarchiques elles-mêmes étaient constituées et maintenues par l'utilisation de certains objets de don, on pourrait s'attendre à ce que la structure fut transformée par toute mutation significative des modèles d'échange – telle que la mise à disposition soudaine d'un nouvel approvisionnement de tels objets.

Dans tout Fidji, « le plus important des biens précieux » était la dent de baleine ou *tabua*. Les dons de *tabua* étaient, et demeurent, des éléments essentiels dans de nombreuses cérémonies liées au mariage, à la mort, à la naissance et à l'intronisation des chefs. Ces dents pouvaient également être utilisées pour solliciter un service ou pour susciter des alliances politiques ou des cycles d'échange. Ces usages cérémoniels sont décrits de façon détaillée dans de nombreux comptes rendus ethnographiques du XXe siècle (p. ex. Thompson 1940 ; Sahlins 1962 ; Nayacakalou 1975). Aucun de ces auteurs ne mentionne le fait que si les *tabua* sont aujourd'hui très répandus et utilisés dans les villages de gens du commun comme dans les centres constitués autour d'une chefferie, il ne pouvait pas en être ainsi dans le passé, parce que les seules sources de dents étaient les baleines qui s'échouaient parfois sur les récifs coralliens. Comme il semble que cela se soit produit plus souvent à Tonga qu'à Fidji, les approvisionnements dépendaient des contacts extérieurs plus que de la collecte locale. Les tentatives pour mesurer même grossièrement le nombre de *tabua* en circulation autrefois sont condamnées à l'échec, mais il ne fait pas de doute que ces objets étaient extrêmement rares avant le contact avec les Européens. Très peu de temps après, la situation avait beaucoup changé, comme l'a expliqué Clunie :

> *« Avec la ruée sur le santal à partir de 1804, des centaines de dents de cachalot et de défenses d'éléphants de mer et de morses*

découpées pour ressembler aux dents de baleine furent importées par des commerçants nord-américains, australiens (des colonies des Nouvelles-Galles du Sud) et indiens, qui prirent conscience instantanément de leur incroyable valeur intrinsèque à Viti [ancien nom de Fidji]. » (1986 : 176-177 ; cf. Hooper 1982 : 85-89).

Les quantités introduites furent certainement très considérables : un article de journal de 1809 indique qu'un seul navire transportait 190 dents pour le commerce à Fidji (Im Thurn et Wharton 1925 : 200). L'importance du nombre apparaît si l'on remarque que l'un des tributs les plus élevés qu'on ait enregistré était de dix dents et qu'une dent suffisait comme indemnité pour un assassinat (Williams 1931 [1843], I : 145 ; Brewster 1922 : 27-28 ; cf. Hooper 1982 : 93).

Du reste, il est clair qu'il y a eu un ensemble de changements à la fois dans le volume de l'approvisionnement extérieur et dans les formes de son importation. Après la forte augmentation initiale liée au commerce de santal (dont les réserves furent rapidement épuisées), il y eut un intervalle pendant lequel les commerçants étrangers ne s'intéressèrent à aucune ressource de Fidji ; les contacts reprirent quand le commerce des *bêches-de-mer**, également destinées au marché chinois, se développa et fournit de nouveaux approvisionnements de dents de baleine. Clunie a démontré que la forte augmentation du nombre de *tabua* permit aux chefs, qui réussirent apparemment à monopoliser ces objets, à intensifier et à développer leur activité politique : les tentatives de conquête et les conflits entre confédérations de chefferies se multiplièrent dramatiquement dans les premières décennies du XIXe siècle. Sur le long terme, pourtant, Steven Hooper suggère que l'utilisation des dents de baleine s'est « démocratisée » (1982 : 87). Cependant, nous ne savons pas clairement si c'est l'ensemble des actes cérémoniels ou seulement l'utilisation des *tabua* dans ces actes qui ont cessé d'être la prérogative exclusive des chefs. Dans la période précédente, il est clair que la fourniture de dents de baleine fut en elle-même la cause du changement, alors que les modèles ultérieurs de distribution ont pu apparaître tout autant en raison des transformations du système hiérarchique que des changements qualitatifs dans la fourniture de biens précieux.

---

* En français dans le texte.

Ces changements n'appartiennent pas tous à un passé lointain. Au XXe siècle, de nombreux *tabua* furent emportés de Fidji par des Européens de passage ou qui retournaient chez eux. La diminution de leur nombre s'arrêta quand l'exportation en fut interdite. Il y eut même en fait une augmentation, car quelques centaines de pièces furent importées d'Écosse et distribuées par l'administration dans les années 1950 (Hooper 1982 : 86). Dans son étude portant sur le développement économique, Belshaw laisse entendre qu'une politique gouvernementale générale visait à « injecter de temps en temps des marchandises bon marché » ce qui, explique-t-il, rendit possible une « inflation cérémonielle » (1964 : 150). Cette politique fut critiquée car elle entravait « la croissance de l'économie ».

On se fourvoierait manifestement en suggérant, dans un cas pareil, qu'un système social pourrait être analysé dans un premier temps en lui-même, de manière non-historique. Cela reviendrait à situer les causes de certaines parties du système de manière interne, alors que de telles parties résultent clairement de la conjonction de causes externes et de dynamiques internes. Même avant le contact avec les Européens, il est clair que les relations changeantes avec d'autres archipels (comme Tonga) ont eu un impact sur les structures politiques fidjiennes.

De tels événements, comme la mise en place des relations de troc qui apportèrent des dents de baleine à Fidji, ne peuvent ainsi pas être tenus pour simplement « accidentels ». Ils sont directement liés aux problèmes centraux de l'enquête anthropologique. Pour ce qui est de l'imputation de différents statuts à différents types de sources d'information, il en découle que les descriptions qui ont un caractère strictement ethnographique et dans lesquelles les références aux événements sont secondaires – telles que les études modernes ou la description des croyances marquisiennes que donne Chaulet – ne peuvent pas être considérées comme un matériau central. Or, une telle conclusion est inévitable quand l'objet de l'anthropologie est défini d'une façon qui exclut le changement ou quand celui-ci est tenu pour secondaire par rapport à la culture indigène (elle-même considérée pour l'entité primaire). L'écriture anthropologique a eu tendance à dévaloriser les descriptions de moments ou d'événements parce qu'elles ne portaient apparemment pas sur des questions strictement ethnographiques ou parce que, quand elles le faisaient, elles étaient erronées. Firth cite ainsi la croyance erronée d'un marin qui pensait que les hommes de Tikopia étaient castrés comme preuve de « la complète absence d'intérêt d'observations accidentelles dérivant des séjours d'environ une journée qu'avaient faits le *Southern Cross* ou d'autres navires » (1936 : 408). Bien sûr, une telle critique est intéressée, dans la mesure où elle distingue la connaissance anthropologique des visions enclines à l'erreur des voyageurs égarés. Elle est aussi légitime, puisqu'il aurait été extraordinaire que les ethnographes (et les autres résidents étrangers) n'aient pas eu une meilleure connaissance des questions locales que les visiteurs qui n'avaient eu que des contacts sporadiques avec une population donnée. Mais la question n'est pas là. La plupart des gens qui se rendent dans des lieux éloignés, qu'ils soient habités par des populations « tribales » ou autres, sur des continents ou des îles, le font parce qu'ils ont à y faire quelque chose qui occasionne fréquemment des transactions ou d'autres actes sociaux qui ont des effets sur ces populations. Leur récit de ce qu'ils font peut être crucial et peu importe que leur compréhension globale puisse être obtuse ou peu judicieuse.

Un commerçant passant dans un atoll proche des Îles de la Société peut remarquer que des cochons ont été obtenus « en échange de hachettes, de ciseaux, de couteaux, de papier, de lunettes, etc. » (Turnbull 1813 : 264). Le fait que certains insulaires étaient à bord et visitaient d'autres régions de la Polynésie est aussi évoqué. Ces évocations ne constituent clairement pas des faits ethnographiques et ces descriptions isolées ont peu d'intérêt en elles-mêmes. Seule la considération globale de tels fragments peut faire apparaître les changements fondamentaux entraînés par le troc et donner sens aux efforts de certains insulaires pour créer des versions mythologiques d'histoires polynésiennes recueillies sur d'autres îles (Thomas 1986a : 13). De la même façon, la remarque d'un missionnaire notant que 1,522 livre de marante a été recueillie dans un district de Samoa (pour être exportée et vendue au bénéfice de la mission) ne nous apprend rien sur les coutumes ou la structure sociale, mais nous dit quelque chose sur les changements dans la production et l'apparente perpétuation de vieilles pratiques agonistiques d'étalage de marchandises sous un nouveau régime missionnaire – « il s'agissait pour chaque village et agglomération de venir séparément et en ordre ; nous avons reçu leurs paquets de marante. » (Slayter 1843 : 54).

Si ces événements sont aussi importants que je le prétends, la pratique anthropologique devrait se modifier. L'expérience ethnographique et les affirmations d'un homme ou d'une femme peuvent avoir l'apparence de la vérité, l'apparence d'une « connaissance directe » d'une société ou d'une culture. Il n'est pas nécessaire d'ajouter que les représentations d'attributs sociaux ou culturels sont des abstractions auxquelles on parvient par un travail analytique et qu'elles ne sont pas plus visibles que l'inconscient. Qui plus est, les données utilisées pour produire une image de la société proviennent de l'expérience structurée de l'ethnographe et leur obtention peut leur donner une forme qu'elles n'auraient jamais eue en l'absence de celui-ci (sans même parler de la représentation que l'analyste se fait de ces données). Cela dit, comparée à cette immédiateté, l'interprétation de passages d'une vieille écriture manuscrite ou de livres épuisés émaillés de jugements pieux ou d'allusions racistes peut paraître désespérément éloignée d'un système social vivant. Ces mots peuvent pourtant révéler des causes dont il n'y a plus de traces dans le groupe actuel – des événements ou des aménagements qui ont façonné la pratique mais qui demeurent inconnus ou dont on ne parle pas. Cela implique une lecture anthropologique de faits éparpillés et dispersés au-delà des limites des intérêts strictement anthropologiques, une lecture des incidents, des accidents et des malentendus – sachant que ceux-ci se révèlent plus systématiques que ce que la constitution dans les paradigmes conventionnels des événements et du changement dans les systèmes sociaux envisagés permettrait d'attendre.

Certaines personnes responsables de cette réflexion pieuse et des stéréotypes racistes ou des événements qui ont désorganisé « notre » objet, le système traditionnel, se sont risqués à écrire des descriptions ethnographiques avant l'heure. Ces traités se révèlent parfois n'être que partiellement motivés par les projets que nous pensons y trouver ; il s'avère qu'ils sont souvent marqués par une tendance à la systématisation suspecte dans le traitement qu'elle impose aux données, mais pas plus suspecte que notre propre pratique. Ces discours peuvent mener à un examen plus profond de notre propre désir de savoir, mais ils peuvent également être lus de manière plus innocente : tout ne se passe pas comme si l'ethnographie appartenait au présent et l'histoire au passé.

CHAPITRE 7

Une évolution d'un autre type : la théorie des systèmes régionaux et le Pacifique

Que sont devenues les théories évolutionnistes dans le contexte intellectuel de l'anthropologie contemporaine ? Est-il désirable en quelque manière de réfléchir plus longtemps à de telles idées ?

Dans les quatrième et sixième chapitres, je me suis surtout concentré sur les connexions entre les sources, les formes des données et des méthodes et les interprétations parce qu'elles sont le plus souvent analysées séparément. Le cinquième chapitre visait à illustrer cette idée en montrant rapidement la différence entre deux théories de l'évolution sociale de la Polynésie, qui reposent sur différents types de données et différentes façons de traiter les mêmes données. Il ne s'agissait pas de défendre un pluralisme épistémologique – en observant simplement qu'un ensemble de faits peut susciter des interprétations diverses – mais plutôt de remarquer que ces différentes lectures sont au contraire déjà en partie implicites dans les méthodes employées et les données telles qu'elles sont constituées. La métaphore frappante et profondément enracinée du discours comme immeuble ou comme édifice de plusieurs « niveaux » (en particulier d'abstraction) est particulièrement pernicieuse dans ce contexte ; l'image d'une forêt enchevêtrée serait plus appropriée, dans laquelle les substances vitales viennent d'en haut et d'en bas de manière invisible, la structure apparente des feuilles étant déterminée de façon cachée par la forme et le contenu du sol et de l'humus. Une forêt secondaire, bien sûr : tous nos efforts s'inscrivent après ceux des autres, qui nous embarrassent mais que nous modifions – le sol est appauvri mais souvent aussi enrichi par le feu.

L'argumentation épistémologique n'est pas une fin en soi. Je déplace maintenant ma réflexion vers la question de la valeur d'une approche déliant ou liant différemment l'évolution et l'histoire – qui, bien que située dans le Pacifique, a des implications plus larges et nous ramène à des questions plus générales sur la pratique anthropologique et l'épistémologie.

LA PERSPECTIVE DES SYSTÈMES RÉGIONAUX

On peut lier l'anthropologie contemporaine et l'évolutionnisme à travers les discussions et les révisions de l'anthropologie marxiste dans les années 1970 (voir p. ex. Bloch 1975 ; Godelier 1973 ; Seddon 1978 ; et la revue *Critique of Anthropology*). Ces travaux mettaient peu l'accent sur les questions d'évolution dans la mesure où des sujets tels que les inégalités économiques internationales à grande échelle étaient d'un intérêt plus pressant, mais ils ont néanmoins comporté une critique et une réélaboration des catégories évolutionnistes marxistes et de la théorie néo-évolutionniste américaine (développée par Julian Steward [1955] et autres). Il y eut des débats sur les modes de production, sur leur association (historique ?), sur la nature des transitions, sur la formation des classes et sur la détermination en général. On peut dire que le processus de rectification et de reconstruction théorique alla si loin qu'à la fin des années Soixante-dix, la discussion avait pratiquement perdu tout caractère spécifiquement marxiste. En particulier, la proposition selon laquelle les rapports de production jouaient un rôle central de détermination n'était plus tenue. L'accent « post-marxiste » sur des relations qui auraient pu autrefois être tenues pour superstructurelles et sur la reproduction des structures hiérarchiques a ainsi fini par être plus proche du type d'analyse tentée par Goldman – qui met plus l'accent sur certains aspects de l'organisation sociale et du statut que sur la production – que de ses antécédents matérialistes.

Ces tendances apparaissent peut-être le plus clairement dans un article de Kajsa Ekholm qui fut publié initialement en 1976 (Ekholm 1981 ; cf. Friedman et Rowlands 1977). L'une de ses propositions fondamentales consiste à abandonner toute réflexion sur les

« étapes » ou l'identification des modes de production dans les sociétés locales pour réfléchir aux transformations mettant en relation des formes sociales distinctes dont la naissance est interprétée en relation avec les propriétés spécifiques des systèmes d'appropriation, d'échange et de reproduction hiérarchique. Si, comme dans les approches antérieures, son point de départ est la construction de types sociaux comme les « bandes », les « chefferies », les « États primitifs » ou les modes de production, les transitions entre ces formes rigidifiées devinrent automatiquement problématiques. L'évolution est détachée des propriétés internes de la société à une étape particulière et se trouve confinée aux changements d'une forme à l'autre. L'intérêt nouveau pour les relations entre les dynamiques à court terme d'une forme particulière de société et les dynamiques à long terme de transformation permet de combler la distance qui sépare les questions relatives aux entités généralement observées (à savoir des systèmes de divers types qui fonctionnent), et les questions relatives à la transition d'un type de système à un autre. Ainsi, l'immense littérature portant sur l'origine de « l' » État révèle une véritable obsession pour une question qui n'aurait pas semblé aussi grave ou inexplicable si on avait pris en compte les processus dans une plus grande variété d'organisations politiques hiérarchiques.

L'autre déplacement crucial qu'il opère consiste à abandonner les sociétés isolées comme unité d'analyse. Comme Ekholm (en particulier) l'a montré, il y a une relation directe entre cette question et la perception de la variation sociale. Deux sociétés, considérées comme des cas distincts, peuvent différer de manière très marquée du point de vue de l'élaboration de la culture de l'élite, de la production artisanale spécialisée, de la centralisation politique ou de la stratification. On peut déduire de la présence de ces traits dans un cas et de leur absence dans l'autre une différence d'évolution. Pourtant, si on considère de telles sociétés dans une région donnée en termes de grands systèmes d'échange, on peut montrer que ce qui apparaît dans un cas comme une évolution ou une innovation et dans l'autre comme leur absence ne témoigne en fait que d'une relation centre-périphérie entre les deux sociétés. Cela revient à dire que les traits distinctifs de groupes « avancés » ou « archaïques » sont produits par les relations d'échange inégal liées au monopole du centre sur la majorité des relations commerciales et que ces caractéristiques n'auraient aucun sens si on ne prenait pas en compte le cadre de ces relations. Ces idées ont, bien sûr, été largement critiquées par de nombreux auteurs intéressés par l'impérialisme et en particulier par ceux qui défendaient l'idée que la position défavorable des pays du Tiers-Monde dérive d'un « sous-développement » interne plutôt que des contraintes et des influences du système-monde. Ces auteurs ont souvent conservé l'idée anthropologique de sociétés traditionnelles plus ou moins « froides » en ne traitant de la pénétration capitaliste que sur le registre de la désorganisation et du changement. Le caractère indésirable et souvent tragique de tels changements a aussi conduit à une certaine idéalisation d'un passé tranquille. L'importance de la contribution d'Ekholm est qu'elle permet d'étendre une analyse à peu près de même nature à des « civilisations » antérieures (comme la Mésopotamie) et à des systèmes régionaux de plus petite échelle :

> *« Sur les plateaux du centre de Madagascar, une évolution spectaculaire se produisit entre la fin du XVIIIe siècle et l'occupation française à la fin du XIXe siècle. Aussi longtemps qu'on limite le champ d'investigation à cette région, rien ne contredit directement l'idée que cette évolution résulte de forces internes. L'industrie et le commerce se développent. Une plus grande zone est utilisée à la culture irriguée du riz, la population d'esclaves augmente sensiblement, une structure de classes et un État développé apparaissent, etc. Cela dit, si on élargit l'enquête pour tenir compte d'événements ayant eu lieu dans le sud-est, l'expansion du plateau devient plus complexe à analyser. Pendant la même période, le sud-est connut en effet une régression tout aussi spectaculaire. Avant l'expansion du plateau, il y avait des royaumes et une économie relativement bien développée dans le sud-est. L'évolution ultérieure du plateau s'accompagna du sous-développement économique et de la fragmentation politique du sud-est. Cette simultanéité du développement et du sous-développement ne peut être comprise qu'en plaçant Madagascar dans sa totalité dans un système "global" plus large dans lequel l'Europe occidentale est la principale région en expansion. La relation entre cette expansion et la modification des formes d'échange à Madagascar (qui dérive en dernière instance de la lutte d'influence entre la France et l'Angleterre dans l'Océan Indien) est la dynamique fondamentale dans ce processus d'évolution et de régression. »* (Ekholm 1981 : 244-245).

Peu importe ici qu'Ekholm ne fasse aucun effort pour prouver sa thèse. Notre propos porte sur les implications théoriques de cette forme d'interprétation. Son analyse est « évolutionniste » en ce sens qu'elle se préoccupe d'évolutions, de changements structuraux et de transformations mettant en rapport des systèmes (comparativement) « primitifs » et « complexes ». Cela étant dit, son analyse est dénuée de la plus grande part des couleurs et des connotations de l'évolutionnisme classique. La métaphore temporelle qui permet de classer les sociétés est abandonnée : les formes « initiales » et les formes plus « avancées » sont présentées comme les résultats des mêmes processus. Le cas primitif n'est pas expliqué par l'absence de changement historique et d'évolution – changements qui devraient évidemment conduire vers la spécialisation marquée et la rationalité de notre propre système. Une grande quantité de travaux universitaires populaires a été produite sur une base évolutionniste, précisément parce que l'évolution est un schème culturel largement présent dans notre société (p. ex. Sagan 1985). L'argumentation de Goldman était plus sophistiquée et de meilleure qualité que celle que développaient la plupart des théoriciens du XIXe siècle ; mais même dans son travail nous voyons que la variation sociale est interprétée en termes de stratification croissante. La perspective d'Ekholm supprime cet aspect directionnel et se trouve ainsi détachée du faisceau de significations idéologiques qui permettent des discriminations au sens neutre comme au sens vicieux du terme. L'efficacité symbolique des catégories évolutionnistes est ainsi atténuée, mais la porte est ouverte à une manière de parler différente qui peut peut-être à terme s'appuyer plus directement sur un large intérêt pour l'économie internationale et les luttes et catégorisations sociales qu'elle engendre. Il serait désirable qu'une certaine forme de discours évolutionniste contribue à défaire le système qu'un discours évolutionniste antérieur avait légitimé – mais il ne faut sans doute pas exagérer l'efficacité des théories universitaires.

De manière évidente, les dynamiques centre-périphérie sur lesquelles Ekholm insiste ne permettent pas à elles seules de définir des mécanismes suffisamment spécifiques pour rendre compte d'une large variété de processus locaux et supra-locaux. La notion importante de système de reproduction permet des explications plus précises. Elle permet de spécifier les caractères principaux qui contribuent à reproduire les hiérarchies et les relations sociales singulières ou à susciter les cycles et les processus évolutifs, les événements et les dynamiques à long terme.

« LES SYSTÈMES DE BIENS PRESTIGIEUX » EN OCÉANIE

La construction du concept de « système de biens prestigieux » illustre cette analyse et, incidemment, fournit un exemple des formes générales de la reformulation néo-marxiste évoquée plus haut. Ce concept dérive de l'étude faite par Ekholm du royaume du Kongo au centre de l'Afrique de l'ouest, et il fut ensuite généralisé dans le modèle de Friedman et Rowlands d'évolution de la « civilisation » (Ekholm 1977 ; Friedman et Rowlands 1977 : 224-228).

Un système de biens prestigieux constitue une évolution particulière d'un certain type de petits États (essentiellement des fédérations de clans hiérarchisés). Le fondement de la domination y passe du rang généalogique au contrôle sur le commerce extérieur, celui-ci étant fréquemment une source de biens précieux plutôt que (ou autant que) d'objets utilitaires. Les objets précieux, dans ce système, ne sont pas simplement des signes du rang mais ils jouent également un rôle crucial comme biens d'échange parce qu'ils sont des éléments essentiels dans les transactions importantes telles que les échanges matrimoniaux ou les cérémonies de deuil, même au niveau des basses classes. Leur monopolisation crée ainsi par elle-même une certaine dépendance. La relation hiérarchique élémentaire entre un pouvoir centralisateur et monopolisateur et les lieux subordonnés comporte l'échange d'un tribut contre des biens prestigieux. Cet échange asymétrique a un caractère systématique important en dehors du domaine strictement économique parce qu'il est en rapport avec un système d'échange généralisé d'alliance de mariage, dans lequel le groupe A donne des maris au groupe B, B en donne à C, etc. S'il y avait une règle d'alliance, cela reviendrait au mariage des cousins croisés matrilatéraux. De tels systèmes ont d'habitude un contenu hiérarchique parce que les preneurs d'épouses ont un rang plus élevé que les donneurs d'épouses, mais des contradictions peuvent apparaître si en un certain point du système Z doit prendre une femme à A. Dans les systèmes de biens prestigieux ce problème ne se pose pas, parce que le groupe de plus haut rang, qui est bien sûr aussi celui qui monopolise le commerce extérieur, peut donner des filles à ses partenaires d'échange extérieur, ce qui peut d'ailleurs être désirable pour des raisons politiques. La relation globale produit ainsi un mouvement de femmes et de tribut de bas en haut dans la hiérarchie des groupes, en sens opposé des biens de prestige. Le monopole peut rester assuré à long terme si les biens prestigieux sont périssables ou effectivement détruits dans certains contextes, comme les enterrements. Ces relations ont évidemment un contenu spatial : le mouvement vers le « haut » ou le « bas » de la hiérarchie comporte des mouvements entre les centres et les périphéries. Dans certains cas, tels que celui que décrit Ekholm, la résidence est uxorilocale, ce qui veut dire que les hommes de rang élevé se déplacent des centres aristocratiques vers les lieux subordonnés (ce qui peut être une façon d'exercer un certain contrôle politique). Ces relations, d'après Friedman et Rowlands, tendent ainsi à créer un modèle d'oppositions (culturelles ?) : hommes de rang élevé / femmes de bas rang ; nobles / gens du commun ; envahisseurs / autochtones ; etc. (1977 : 226). Certains de ces traits peuvent persister après que le système s'est transformé en quelque chose d'autre et cette théorie peut aider à comprendre la très grande étendue d'oppositions entre gens du commun « autochtones » et chefs étrangers, par exemple dans certains régions d'Afrique de l'ouest (p. ex. Fortes 1949b). Le rôle crucial du commerce extérieur peut aussi conduire à une chefferie duelle séparant les fonctions religieuses des fonctions (exécutives) séculières.

Friedman a appliqué ces idées au Pacifique dans un article intitulé « Notes sur la structure et l'histoire en Océanie » (1981). Sa thèse est essentiellement que les sociétés austronésiennes anciennes qui ont donné naissance aux systèmes mélanésiens et polynésiens – c'est-à-dire les sociétés qui existaient en Mélanésie il y a près de 4 000 ans – étaient des systèmes de biens prestigieux et que la distribution historique des formes sociales dans la région reflète les transformations diverses de ce système originel. Les arguments qu'il avance pour l'interprétation du système ancien sont essentiellement (a) que la terminologie de parenté reconstruite par la linguistique historique témoigne d'un système d'échange généralisé dualiste et (b) que la distribution des articles d'obsidienne qu'on retrouve dans les anciens sites Lapita mélanésiens suggère un commerce de longue distance.

Friedman a suggéré que l'augmentation de la « densité commerciale » et le développement d'un commerce spécialisé à courte distance avaient été des tendances générales en Mélanésie. Ce mouvement est pour une part le corollaire d'implantations humaines de plus en plus denses, en particulier en altitude, qui se produisirent pendant la préhistoire de la région. L'augmentation de la densité conduisit, d'après Friedman, à une rupture des anciens monopoles sur le commerce et par conséquent aussi de l'organisation hiérarchique. Cette situation donna naissance au modèle des systèmes compétitifs relativement égalitaires à « big man » dont on parle tant dans l'anthropologie de la Mélanésie. Dans quelques régions, telles que les Trobriand et la Nouvelle-Calédonie, le monopole sur le commerce, la chefferie et d'autres éléments des systèmes de biens prestigieux demeurèrent ou réapparurent ultérieurement.

Friedman a relativement peu de choses à dire sur le sud du Vanuatu et sur Fidji, régions dans lesquelles les structures hiérarchiques qu'on connaît bien s'accordent difficilement avec le modèle des biens prestigieux, mais il affirme qu'en Polynésie occidentale des systèmes de biens prestigieux « entièrement développés » existaient. Certes, il y a des preuves de ce que Fidji, Samoa et Tonga étaient insérés dans un système d'échange régional en relation avec les hiérarchies internes ; que les épouses et les objets de prestige tels que les plumes rouges (destinées à être tressées dans les nattes) étaient centrales dans ces relations régionales ; que des tributs internes étaient échangés contre des biens de valeur ; que les chefs essayaient de créer et de conserver des monopoles ; et que, en particulier à Tonga, les distinctions sacré / séculier émergèrent dans les titres de chef suprême (Kaeppler 1978 ; Hjarno 1979/80 ; Gunson 1979).

D'un autre côté, il suggère qu'une espèce d'inversion du processus mélanésien eut lieu en Polynésie orientale : le commerce extérieur devint moins important non pas en raison d'une augmentation de la densité des réseaux commerciaux, mais parce que l'augmentation des distances entre les îles rendit le commerce impossible. L'hypothèse de Friedman est que le fondement de la domination politique passa alors à une sorte de despotisme religieux apparent dans la grande élaboration des prohibitions liées au statut des chefs (interdits *tapu*). La perte du monopole commercial est supposée avoir conduit à une compétition accrue entre les chefs, dont témoignent l'intensification de l'agriculture et la mobilisation accrue des excédents (qui étaient utilisés dans les cérémonies festives de type potlatch). À Tahiti et à Hawaii, les efforts des chefs pour unifier leur administration politique furent à peu près couronnés de succès, alors que dans de nombreux autres cas (les Marquises, l'île de Pâques,

Mangaia), l'intensification aurait échoué, suscitant le déclin des hiérarchies, l'instabilité politique, la famine et une compétition intense mais sans fin.

Bien que serrée et quelque peu insensible à la complexité des données, la thèse de Friedman représente une avancée certaine par rapport à la théorie de Goldman. Bien que ses raisons d'accentuer les différences entre l'est et l'ouest de la Polynésie paraissent douteuses, le modèle de Friedman essaye vraiment de rendre compte d'un ensemble complet de différences systématiques qui étaient admises mais négligées dans la description de Goldman. La prise en compte commune des transformations polynésiennes avec les processus mélanésiens est également un pas important, sachant qu'on reconnaît maintenant que les processus de peuplement et de diversification linguistique n'ont pas seulement fait naître ces grandes aires culturelles, mais ont permis de garder effectives leurs relations (Golson 1971 ; Green 1979 ; Kirch 1984 : 44-48 ; Pawley 1981). Certains des contrastes qui les opposent nous apprennent plus sur certains aspects des représentations des explorateurs et des modèles anthropologiques que sur les réalités sociales. Friedman refuse de subordonner la variation à une téléologie de la croissance de la centralisation, de la stratification et de la formation des classes, dont Hawaii ou Tonga constitueraient l'apogée. Son argument est plutôt que certaines caractéristiques du mode de reproduction sociale dans une certaine société ancestrale a donné naissance à un ensemble de sociétés « qui en descendent » dans des conditions écologiques et historiques variables. Cela ne revient pas à affirmer que chaque société a suivi un chemin isolé et divergent de développement local une fois qu'elle s'est séparée des autres groupes ; des contacts maintenus, des relations régionales et certaines formes de « développement dépendant » précapitalistes ont pu avoir une importance différente, mais toutes peuvent rentrer dans un modèle structural de transformation. L'évolution n'est pas un principe qu'on doit défendre contre les autres (tels que le diffusionnisme[1]).

En termes plus larges, son approche suppose la construction d'une société ancestrale, d'un point de départ systématique duquel dérivent les variations ultérieures. En général, la forme sociale ultérieure est trouvée dans un autre endroit considéré à une certaine époque. La complexité de la diversité ethnographique peut ainsi être interprétée comme le signe des mutations d'une structure ou d'un ensemble de structures. Cet exercice diffère d'un type plus conventionnel de comparaison entre régions qui se contente de noter les formes de variation concomitante, tout en étant parfois liée à une argumentation fonctionnaliste expliquant les associations entre éléments singuliers qui suppose, serait-ce implicitement, une forme peu définie de transformation synchronique. Cela dit, le type d'exercice que tente Friedman pourrait se révéler proche du style des analyses antérieures, parce qu'il ne fournit pas le nécessaire contenu historique et évolutionniste qui permettrait de faire la différence entre une argumentation sur le changement structural et une simple interprétation des contrastes et des différences en termes de métaphores temporelles et processuelles. Je veux simplement dire qu'il peut y avoir un écart entre la théorie proposée et celle qui est mise en œuvre dans la pratique.

De fait, il semble que l'analyse de Friedman pose des problèmes théoriques aussi bien qu'empiriques. Comme Goldman, il reproduit l'erreur évolutionniste classique qui consiste à traiter une société (contemporaine) A comme une étape antérieure du développement de la société B. La différence tient au fait que dans le cas du travail de Goldman l'explication était déconnectée de toute séquence potentielle d'établissement et de développement historique. Du point de vue de Friedman, les régions de développement ancien ou récent – la Mélanésie et la Polynésie orientale – ont connu des transformations, mais au milieu les sociétés de Polynésie occidentale sont explicitement inscrites dans le prolongement des systèmes de biens prestigieux antérieurs : « l'ancien système de biens prestigieux est préservé jusque très tard » (1981 : 292) ; alors que la Polynésie orientale est effectivement considérée comme le résultat d'une transformation (ayant eu lieu au XVIIIe et au XIXe siècles) des formes occidentales, qui « se sont effondrées très tôt » (*ibid.* : 287 ; cf. 1985 : 200-201). Sans même retenir l'objection générale affirmant que de tels systèmes hiérarchiques étaient de toute évidence fluides, cette hypothèse de continuité à Samoa et à Tonga (et peut-être aussi dans l'est de Fidji) est problématique tant du point de vue historique que du point de vue archéologique[2].

L'idée selon laquelle les systèmes de biens prestigieux se seraient effondrés dans l'est en raison de l'augmentation quantitative des distances entre les archipels paraît absolument rationnelle quand on regarde une carte du Pacifique (p. 52) : il est clair qu'à l'ouest les îles sont grandes et relativement proches les unes des autres et qu'on peut envisager des contacts fréquents qui paraissent impossibles dans le vaste espace qui sépare de petits points dans l'environnement plus profondément insulaire de la Polynésie orientale. Le problème de cette observation est qu'elle ignore le fait que la plupart des îles de Polynésie orientale font partie d'*archipels* à l'intérieur desquels les distances sont souvent courtes et un commerce régulier (et non pas occasionnel ou accidentel) facilement réalisable. Même si les preuves d'un tel type d'échange ne permettent pas d'établir facilement son importance sociale, il ne fait aucun doute qu'il a bien existé. Aux Marquises, les relations commerciales entre le sud et le nord de l'archipel suscitaient des mouvements de plumes de perroquet, de pierre d'herminette, de curcuma raffiné, de kava et sans nul doute d'autres choses. Puisque les groupes sociaux élémentaires étaient les *mata'eina'a* ou « tribus » qui habitaient normalement une vallée, ce commerce constituait une forme d'échange extérieur qui en théorie aurait pu faire l'objet d'un monopole.

On a des preuves multiples de contact et de troc entre Tahiti et certains archipels. En dehors des contacts fréquents et des relations politico-religieuses avec le groupe au vent des Îles de la Société (Huahine, Raiatea et Borabora), il y avait des relations plus spécifiquement commerciales avec des îles plus petites et plus périphériques comme Me'etia à l'est, et via cette île (sans doute plus souvent que par des contacts directs) avec l'archipel des Tuamotu (Oliver 1974, I : 213-214). Étant constituées d'atolls, les Tuamotu étaient riches en perles et en nacre mais manquaient de certains aliments et d'autres ressources des « îles hautes » telles que les pierres volcaniques utilisées comme lames d'herminettes ; leurs habitants avaient ainsi des raisons fondamentales pour maintenir des échanges qui servaient d'abord les intérêts de l'élite à Tahiti. Puisque Morrisson (1935 : 201), un des mutins du *Bounty*, a précisément noté que les contacts entre Me'etia et Tahiti étaient contrôlés par le chef du district de Taiarapu (dans la péninsule orientale de l'île, Tahiti Iti), on a la preuve non seulement de la possibilité d'un système de biens prestigieux mais aussi de la monopolisation de certaines relations de commerce extérieur qui permettaient l'importation d'objets précieux. Pourtant il est clair que ce contrôle n'était pas central dans la vie politique et que la reproduction de la hiérarchie dans un sens systémique comme la manœuvre politique plus immédiate dépendaient d'abord d'autres choses.

Le commerce extérieur est certainement devenu impossible dans certains cas, comme dans l'île de Pâques ou à Rapa – îles tellement isolées qu'il est déjà remarquable qu'elles aient été habitées. Dans d'autres parties des Îles australes (dans le sud et le sud-ouest de Tahiti), et à Mangareva, les distances importantes semblent avoir rendu les contacts moins fréquents que dans les Îles de la Société ou aux Tuamotu. Il est pourtant significatif que les processus historiques à Rapanui, aux Marquises et à Mangareva semblent avoir été largement similaires. Dans chaque cas, le modèle de changement présenté au chapitre 5 fut suivi (mais à un degré variable) : le pouvoir se déplaça des chefs vers les propriétaires terriens ou les guerriers et certains changements dans la religion s'accomplirent (au profit d'une activité plus « inspirée »). Ces changements furent les plus extrêmes dans l'île de Pâques et les moins marqués à Mangareva. Les effets de processus écologiques largement similaires sont aussi perceptibles : les forêts d'altitude disparurent, l'érosion qui en découla diminua les ressources fondamentales ; dans certains cas, des modes innovants de production intensive (tels que la culture de l'arbre à pain aux Marquises) furent élaborés. Certaines des îles dans lesquelles ces processus eurent lieu sont extrêmement isolées alors que d'autres font partie d'archipels, mais la possibilité de contact supra-local et de commerce extérieur n'importe guère ici.

Cela revient à dire que le modèle de Friedman accorde un trop gros poids à l'échange externe. Son idée est certainement que la présence, l'absence ou l'importance relative du commerce extérieur produit des systèmes sociaux différents sachant que le point de départ est le système de biens prestigieux. Pourtant, les données tahitiennes montrent particulièrement clairement que certaines conditions initiales d'un système de biens prestigieux peuvent exister sans que celui-ci ne se développe effectivement. Les fondements de la reproduction de la hiérarchie en Polynésie orientale ne sont pas absolument clairs, mais il ne fait aucun doute que le contrôle de l'échange n'était pas un facteur significatif avant la rencontre avec les commerçants européens. Il peut se faire que le « féodalisme théocratique » apparaisse parfois quand un système de biens prestigieux s'étend ou est transporté dans une région dans laquelle le commerce extérieur est impossible, mais cet argument n'est guère pertinent dans le cas polynésien, parce qu'il est en fait possible qu'un tel système ait existé dans certaines parties de la Polynésie orientale. Il faut, en tout cas, nécessairement rejeter l'hypothèse que les sociétés de Polynésie occidentale étaient des systèmes de biens prestigieux il y a 2 000 ans quand le mouvement de peuplement de la Polynésie orientale eut probablement lieu : un faisceau de données archéologiques et traditionnelles indique que l'intégration régionale sur laquelle reposait le système du XVIIIe siècle constituait en fait un développement récent (Davidson 1977, 1978 ; Kirch 1984).

La question se pose alors des conditions qui facilitent le développement d'un mode de reproduction de la hiérarchie au moyen de relations extérieures et de leur monopole, plutôt que de relations de type tributaires, du contrôle de la religion et des moyens de production, etc. Puisque, dans l'explication de Friedman le système de biens prestigieux est le point de départ, il n'a pas à être lui-même expliqué : on ne sait pas d'où vient un tel système, ni dans quelles circonstances une organisation politique hiérarchique peut prendre cette forme particulière. Étant donné que l'explication doit bien commencer quelque part, avec une société donnée à un moment donné, cette procédure est généralement légitime, mais elle cesse de l'être dans le cas qui nous intéresse si on reconnaît qu'il existe une discontinuité entre les sociétés de Polynésie occidentale observées à la fin du XVIIIe siècle et le système ancestral : le système de biens prestigieux devient alors une autre forme de développement tardif dont un modèle du changement doit pouvoir rendre compte.

IMPLICATIONS THÉORIQUES

Un passage antérieur de mon argumentation pourrait être résumé (ou réinventé) ainsi : l'anthropologie a toujours eu pour objet une entité sociale ou culturelle. Les manières de comprendre ce qui constitue ce système (ou cette structure) furent et demeurent extrêmement diverses, mais très généralement le caractère systémique du domaine a été érigé et maintenu par opposition aux événements et à l'histoire. La forme la plus générale d'analyse pose une relation de la partie au tout, en ce sens que la signification (ou l'explication) d'un rituel ou d'une institution vient de sa cohérence fonctionnelle ou significative dans une totalité. Le travail d'analyse fait apparaître la connexion en révélant le contexte ou le sens plus large de ce qui apparaît d'abord étrange ou singulier. Les événements passés sont presque toujours tenus pour aléatoires ou arbitraires, et ils surviennent hors du système. Cette exclusion fut d'abord justifiée par le caractère inconnaissable des contacts entre sociétés sans écriture et de leurs changements internes, mais elle fut étendue aux événements liés au contact avec les Européens ou à l'histoire coloniale dans des régions telles que certaines parties de l'Afrique et du Pacifique où il y a une différence prononcée entre le passé traditionnel pré-européen et les transformations ou les dégradations ultérieures des cultures traditionnelles qui ont été bien décrites. Pareille rupture marquée n'exista pas dans la plupart des cas asiatiques ; les complexités de l'histoire y furent comprises comme des sources de richesse et de diversité, mais sans aucun traitement systématique ou processuel qui aurait pu les mettre en rapport avec des sujets proches du cœur de l'analyse anthropologique.

« L'histoire » ou « une perspective historique » peuvent apparemment être ajoutées ou analysées en même temps que « la culture » ou « le système social », mais en fait aucune intégration sérieuse n'est possible si l'on ne rompt pas avec les exclusions constitutives de ces derniers objets.

Un modèle dont la préoccupation centrale est la transformation des systèmes régionaux ou du système « mondial » de reproduction rompt de bien des manières avec les approches anthropologiques classiques. Ce modèle n'est pas le seul à défendre une vision supra-locale, à exiger que l'attention soit portée aux grandes interdépendances économiques mais il est sans doute plus exceptionnel dans l'accent qu'il met sur la signification de ces grandes relations dans les contextes précoloniaux ou précapitalistes. Cette perspective subvertit ainsi les dichotomies de la forme « eux »/« nous », qui font de l'Occident ou de certaines catégories de sociétés civilisées ou « chaudes » des sociétés existant dans l'histoire sujettes à des transformations constantes, alors que les autres systèmes sociaux ne seraient pas constitués historiquement de la même manière. À un certain niveau, cette opposition est discréditée mais elle demeure implicitement présente dans la pratique anthropologique à travers la division des approches théoriques : pour parler crûment, l'Europe est analysée historiquement, le « Tiers-Monde » et les sociétés paysannes sont placés dans leur contexte économique, international et historique, mais les sociétés non étatiques sont en quelque sorte particulièrement sujettes à des analyses symboliques qui négligent ces dynamiques et ces processus. Cette réorientation conceptuelle a ainsi des implications idéologiques : elle constitue un point d'appui pour le travail difficile qui vise à extraire l'anthropologie des représentations sympathiques mais pernicieuses qui placent les « autres » à l'opposé ou à l'origine de notre modernité.

Pour la théorie anthropologique, il est plus intéressant que les transformations soient situées au cœur de l'analyse et directement liées aux propriétés du système social. Si les changements ou les fluctuations à court terme sont incorporés dans l'histoire ou identifiés aux événements, alors ce qui était antithétique dans les anciennes façons de comprendre est maintenant pris en compte conjointement. Il y a eu de nombreuses révisions et de nombreuses déviations dans l'anthropologie récente, mais une telle rupture – si elle s'exprimait véritablement dans l'analyse – serait cruciale, parce qu'elle porterait directement sur la construction des objets de la discipline (et les modifierait). Quelque chose comme une « histoire des systèmes » serait substitué aux « systèmes » (de quelque sorte qu'ils soient).

Le programme théorique impliqué par la théorie des systèmes régionaux a également des implications pour la pratique de l'analyse historique ; en effet, cette théorie ne se contente pas d'importer une méthodologie existante et de la mettre en rapport avec un ensemble de concepts. La forme de contextualisation que la plupart des travaux historiques utilisent consiste toujours à situer les événements et les circonstances dans un discours chronologique, même quand ce contexte général est en partie subordonné à des intérêts thématiques (comme l'analyse en termes de classes, de relations entre les sexes, de culture populaire, etc.). L'analyse des ramifications des systèmes sociaux ou des caractéristiques des événements tend alors à devenir marginale dans le récit ou le compte-rendu et fait l'objet de tentatives de généralisation plutôt que de contextualisation (il y a bien sûr de nombreuses exceptions, telles que les travaux qui essayent de reconstruire un système et de retracer son développement à travers des processus historiques [p. ex. Ste Croix 1981]). Même si l'examen détaillé de l'analyse historique ne rentre pas dans le champ de cette étude, on peut dire que tout comme une théorie de la transformation sociale redéfinit le contexte anthropologique, elle remplace également la narration par des processus historiques structurés et des dynamiques.

LES SYSTÈMES RÉGIONAUX DANS L'HISTOIRE COLONIALE

Ces implications radicales du modèle des systèmes régionaux apparaissent dans le contexte spécifique de l'examen des processus qui résultent de la réaction des systèmes hiérarchiques

« traditionnels » à l'expansion occidentale. Comme je l'ai remarqué plus haut, l'analyse de ces changements dans l'anthropologie contemporaine a formé l'objet résiduel nommé « changement social », généralement considéré comme une séquence peu systématique d'événements peu liés les uns aux autres (l'intrusion des missions chrétiennes, les modifications du travail, l'introduction de liquidités, etc.). Les explications fournies dans ce champ étaient en général plus faibles et plus spécifiques que celles qui portaient sur les éléments propres du système.

D'un autre côté, les transformations qui apparaissent dans le modèle des systèmes régionaux peuvent avoir des causes immédiates internes ou externes et peuvent naître d'interactions avec des systèmes régionaux similaires ou avec des puissances colonisatrices (pour autant que celles-ci sont en cause). Il n'y a pas de différence décisive entre les causes intrinsèques à un objet anthropologique et celles qui découlent d'« intrusions » ou d'« irruptions ». Comme je l'ai déjà expliqué, le modèle d'Ekholm du système de biens prestigieux met l'accent sur le contrôle du commerce extérieur. Ayant décrit le fonctionnement d'un tel système dans le cas du Kongo, Ekholm continue en posant la question de savoir ce qui se passe si de nouvelles sources de biens prestigieux apparaissent – ce qui implique une situation dans laquelle un agent extérieur est intéressé par quelque chose qu'il peut obtenir en échange de ces biens précieux qui peuvent être des nouveautés (telles que des biens manufacturés occidentaux) ou reproduire les biens prestigieux qui ont déjà une valeur bien établie dans la région. Si dans un tel cas le nouvel approvisionnement est monopolisé par le groupe qui avait déjà le statut de pouvoir central dans la région, alors l'effet initial sera que les partenaires commerciaux antérieurs seront exclus ou tomberont dans une position subordonnée (Ekholm 1977 : 130-131). Ainsi, là où un groupe central A commerçait avec B et parvenait à dominer C, D et E grâce à son monopole commercial, le nouvel accès de A aux biens qu'il apprécie tendra à réduire B au statut des autres groupes. C'est du moins ce qui est arrivé dans le cas du Kongo. Pourtant, il arrive souvent que le marchand étranger n'ait aucune raison de privilégier un groupe dans la région périphérique qu'il parcourt et des facteurs tels que des taux d'échange inégal peuvent favoriser la multiplicité des contacts. S'il en va ainsi, la position de A va probablement s'effondrer dans la mesure où les anciens groupes subordonnés acquièrent un accès indépendant aux biens précieux. La même dynamique peut aussi bien survenir en l'absence d'une implication commerciale de l'Occident. Dans le cas du Kongo, la première phase d'expansion du royaume grâce à une stimulation externe fut relativement brève ; mais pendant les XVIe et XVIIe siècles, un long processus de « régression » eut lieu, dont le résultat fut une fragmentation politique extrême (*ibid.*).

Cette explication est spécifique au cas du Kongo et Ekholm n'essaye pas de cartographier les autres évolutions possibles en d'autres circonstances. Pourtant, il faut remarquer que si des contacts approfondis avaient lieu entre les commerçants européens et les zones périphériques d'un système de biens prestigieux, il est vraisemblable que la phase initiale d'expansion politique ne se produirait pas, à moins que les moyens de contrôle du pouvoir central ne reposent pas seulement sur le monopole du commerce. Si des facteurs politiques ou militaires favorisent une domination plus stable, il est possible que le monopole et l'extension de l'organisation politique se poursuivent plus longtemps. Ces résultats divergents ne sont pas les produits de contingences aléatoires mais reflètent plutôt les propriétés de systèmes légèrement différents. Dans ce modèle, un événement tel que la modification de la présentation du tribut ou une guerre de souveraineté n'est pas seulement un événement dans une succession extraordinaire d'événements, mais il apparaît plutôt comme une manifestation ou un exemple de la transformation du système. Cette perspective a évidemment des conséquences du point de vue des méthodes de recherche puisque les « contingences » mises de côté par d'autres perspectives anthropologiques prennent ici une importance distincte.

Dans le contexte de sa discussion des contacts entre l'est et l'ouest de la Polynésie, Friedman signale en passant la pertinence de cette logique dans le cas océanien :

> « *En Polynésie occidentale, les Européens trouvèrent une société tongienne sans armes ou villages fortifiés comme c'était le cas en Polynésie orientale. Ici, le commerce européen provoqua la désintégration immédiate de l'hégémonie relativement pacifique de Tonga pour laisser place à la guerre civile. Ekholm a montré que ce type de désintégration est systématique dans les cas de contact entre des systèmes de biens prestigieux hiérarchisés et des formes d'échange commercial décentralisé.* [...] *De l'autre côté, dans l'est de la Polynésie, le commerce différencié*

d'armes et l'établissement d'alliances avec certains chefs conduisirent à la formation d'États appuyés sur l'Occident. » (1981 : 289-290).

De fait, ce n'est que juste après une série de visites de Cook, de Bougainville et d'autres explorateurs que l'organisation politique tongienne cessa d'être stable mais on ne sait pas clairement s'il y a une relation entre le contact européen et ces conflits aristocratiques sans précédent. Il faut remarquer qu'il y a plutôt une opposition entre les cas d'effondrement du Kongo et de Tonga évoqués par Friedman, puisqu'alors que la hiérarchie tongienne fut finalement rétablie, son explosion initiale fut extraordinairement rapide. Il faudrait faire l'hypothèse que le passage de quelques explorateurs, qui distribuèrent des objets qui devaient être en partie intégrés dans les catégories d'objets précieux mais qui ne furent certainement pas insérés dans des formes de commerce à grande échelle, a eu les mêmes effets que des décennies d'échange commercial systématique dans le cas africain. Cette idée pourrait être accréditée par le fait que les passages des explorateurs eurent lieu dans tout l'archipel tongien, ce qui a pu saper une situation de monopole, mais l'absence de matériau relatif à des conflits spécifiquement liés au contrôle du commerce extérieur est problématique.

Pour ce qui concerne la Polynésie orientale, on peut penser que l'orientation militaire antérieure des soi-disant systèmes « théocratico-féodaux » a pu se consolider et s'étendre grâce au soutien européen. Les caractéristiques de certains des systèmes qui sont apparus dans les Îles de la Société, aux Marquises et à Hawaii sont quelque peu incompatibles avec un modèle d'expansion directe par la conquête et rappellent curieusement les caractéristiques d'un système de biens prestigieux. Les chefs étaient certainement désireux d'obtenir des armes européennes et les indications des journaux de bord des baleiniers, des commerçants et des autres voyageurs sont remplis d'indications relatives aux rivalités intenses qui se développèrent entre les chefs relativement aux relations avec les Européens. Cela étant dit, si on examine l'usage qui était fait des fusils, il est clair que les objectifs militaires directs étaient moins importants que la démonstration de prestige et, de manière plus cruciale encore, de valeur d'échange. Les chefs qui en avaient la possibilité semblent avoir essayé de créer des réseaux de dépendance fondés sur leur monopole sur l'approvisionnement en armes. Ce monopole constitua en fait à court terme le fondement de la domination parce que les fusils, comme les biens précieux traditionnels, étaient plus prestigieux que les productions locales (tout comme l'or est plus précieux que l'argent ou l'étain). Ces dernières pouvaient être échangées directement ou indirectement comme tributs contre des armes ou d'autres articles de provenance européenne comme les perles ou les tissus. Naissait ainsi la possibilité de créer des dettes chez les sujets en même temps que s'étendaient les obligations de payer un tribut. Cette stratégie n'aurait pas pu être poursuivie à long terme car elle n'était pas liée de façon systématique avec les autres fondements de l'asymétrie sociale (tels que les alliances matrimoniales que décrit Ekholm) et parce que les chefs qui se rendaient créditeurs en distribuant des armes minaient simultanément leur propre sécurité. Les relations entre la diversité des systèmes indigènes et l'histoire postérieure au contact sont fonction du degré auquel les tentatives d'expansion des chefferies ont été couronnées de succès. Le contraste entre le caractère chancelant et fragmenté de l'organisation politique et de l'expansion des chefferies aux Marquises, et la consolidation des chefferies à Hawaii et aux Îles de la Société est clairement en rapport avec l'absence quasi-complète d'appropriation tributaire centralisatrice dans le premier cas et la puissance de ce mécanisme dans les derniers.

Mais si on se déplace au XIXe siècle, il devient clair que l'analyse mettant en rapport les modes de reproduction sociale antérieurs au contact et la diversité de l'histoire coloniale a encore beaucoup de chemin à faire dans le cas océanien. Il y a des différences frappantes entre l'histoire coloniale de la Polynésie orientale et de la Polynésie occidentale mais si on prend en compte l'ensemble du XIXe siècle, ces contrastes ne peuvent pas être rapportés au modèle des biens prestigieux. L'hypothèse de Friedman selon laquelle l'intrusion des navigateurs a suscité une certaine instabilité à Tonga peut se révéler correcte, mais à long terme le résultat des processus d'interaction fut la consolidation d'une monarchie indigène – en fait, la seule dans le Pacifique à avoir échappé à une phase de domination coloniale formelle (cf. Latufeku 1970[3]). À Tonga et à Samoa, des formes modifiées des hiérarchies traditionnelles liées à la chefferie sont demeurées importantes jusqu'à aujourd'hui, et l'implication des membres des familles nobles traditionnelles dans le gouvernement demeure remarquable dans l'ensemble de la Polynésie occidentale. Ainsi, alors que le fondement initial de la hiérarchie dans les systèmes de biens prestigieux a pu s'effondrer rapidement, il n'y a aucune comparaison possible entre cette région et un cas comme le Kongo où le royaume se transforma en une multitude de sociétés locales égalitaires.

En Polynésie orientale, les organisations politiques apparemment fondées sur l'appropriation de tributs et la prédation militaire tendirent à s'étendre rapidement, bien qu'inégalement, mais s'effondrèrent au bout de quelques décennies. Ainsi, les systèmes dont on aurait pu attendre qu'ils soient plus puissants que ceux qui reposaient sur l'échange furent en fait moins efficaces pour résister ou s'adapter aux spoliations coloniales. La plupart des structures hiérarchiques de l'est de la Polynésie avaient perdu beaucoup de leur importance dès les années 1850 et aujourd'hui – à la différence de la Polynésie occidentale – il est même très difficile d'identifier les familles qui ont des ancêtres nobles. Et quand on la connaît, cette origine n'a socialement aucune importance.

La description de ces processus doit, bien sûr, tenir compte des variations dans la forme des intrusions coloniales et des relations qu'elles ont suscitées. À un premier niveau, on peut observer que les colons et les administrateurs ont activement cherché en Polynésie orientale à contrôler la terre et à imposer des administrations à la place des organisations indigènes. Il en fut ainsi à Hawaii où la réforme foncière (en 1848) et l'expansion de l'industrie sucrière ont prolétarisé une part notable de la population indigène (même si la plus grande partie des travailleurs sur plantations étaient recrutés en Chine) (Kent 1983 : 35 n.). En Polynésie française, il n'y eut pas une dépossession d'aussi grande ampleur, mais les missionnaires et les administrateurs écartèrent les monarques et de nombreux chefs de moindre importance. Sur l'île de Pâques, l'impact du raid esclavagiste péruvien de 1862 fut si grand qu'il n'est presque pas besoin d'évoquer les injustices ultérieures, antérieures et postérieures à l'annexion de l'île par le Chili – même s'il faut savoir que cette histoire désolante est apparemment près de se reproduire avec la construction d'une base pour la navette spatiale américaine sur la petite île (IWGIA 1987 : 31).

Les différences les plus nettes dans l'histoire ultérieure opposent Hawaii et Fidji. L'effort colonial britannique dans ce dernier cas consista en un exemple classique d'administration indirecte et bien qu'il ait certainement pris des formes oppressives que ni les administrateurs ni les divers groupes complices de chefs n'ont jamais reconnues, les tentatives des planteurs capitalistes pour obtenir des terres furent largement contrées par une administration chargée de préserver les droits des Fidjiens. Le système communautaire persista non pas tant en raison d'une politique gouvernementale éclairée qui aurait reconnu le faible intérêt du développement, mais plutôt parce que les Fidjiens résistèrent ou firent obstacle passivement à la promotion officielle de pratiques économiques plus individualistes et concurrentielles (Macnaught 1982). La conservation de la terre était la principale condition nécessaire pour que demeure cette (relative) autonomie. La recherche d'explications doit donc prendre en compte les diverses formes de l'intrusion et leur caractère systématique.

Ces considérations ne font que restreindre le degré auquel on peut considérer les caractères des changements postérieurs au contact et de l'histoire coloniale comme des effets des dynamiques des systèmes précoloniaux. Dans une certaine mesure, il s'agit simplement d'une question d'échelle temporelle puisque le poids du passé est altéré à mesure que le passé immédiat s'éloigne. Dans les phases tardives de l'histoire coloniale, les propriétés et les stratégies propres au système colonial semblent avoir éclipsé celles du système colonisé. L'admettre revient simplement à reconnaître la profonde asymétrie de détermination qui donne leurs caractères aux processus coloniaux et néo-coloniaux. Un modèle réaliste doit concilier cette double structuration de l'histoire. Le défi qu'il faut relever consiste à conjoindre les temporalités et à faire apparaître le travail dans un autre contexte de structures nées en un lieu à un moment donné ; à exposer l'interpénétration de ce qu'on peut appeler le récent et (pour jouer sur l'ambiguïté du terme) l'historique ; c'est-à-dire à faire voir le système de la contingence. La pertinence politique d'une telle perspective dans un contexte néo-colonial tient au fait que l'histoire de la domination et les origines des problèmes qui tourmentent les administrations ont toujours une certaine importance idéologique : il y a plusieurs façons de parler des évolutions et des variantes d'une structure, de les critiquer ou de les rapporter à des précédents. Les efforts de clarification ou de démystification d'une situation ont toujours une certaine valeur pour au moins certaines des personnes qu'elle concerne.

CHAPITRE 8

Histoire structurée ou histoire sans structure

Une multitude d'écrits récents laissent entendre que l'absence de prise en compte de l'histoire et du temps est devenu un défaut critique dans l'anthropologie contemporaine : cette situation est presque tenue pour une lésion qui exige d'être traitée immédiatement. La tâche qui consiste à prendre en compte une dimension autrefois absente ou à rectifier une omission ou encore à faire apparaître une cause oubliée peut sembler constituer un projet simple, qui se suffit à lui-même. Après tout, l'établissement de la vérité est souvent pensé sur un modèle arithmétique – une perspective « étroite » ne peut produire qu'une vision partielle alors que si l'on « ajoute » d'autres perspectives, on suscite des images plus complètes, plus amples. J'ai déjà essayé de défaire ces métaphores en laissant entendre que certaines perspectives ne peuvent pas être simplement « ajoutées » à d'autres dans la mesure où leurs objets sont incompatibles et mutuellement exclusifs.

Dans ce chapitre, je vais me tourner dans une autre direction pour examiner quelles espèces de « temps » et d'« histoire » peuvent être intégrées à l'anthropologie. Il est évident (même si cela reste largement implicite) qu'il existe différents concepts du temps qui ont des effets relativement différents dans l'analyse. Considérons par exemple la critique que fait Bourdieu de la compréhension structuraliste du don, critique qui insiste sur le fait que le sens effectif de l'acte tient beaucoup à sa temporalité, à sa rapidité ou son retard.

> « *Tout est ici affaire de manière, c'est-à-dire, en ce cas, d'opportunité et d'à propos,* [...] *le même acte, faire un don ou le rendre, offrir ses services, rendre une visite, etc. change complètement de sens selon son moment, c'est-à-dire selon qu'il vient à temps ou à contre-temps, à propos ou hors de propos.* » (1972 : 223).

Le temps dont il est question ici est clairement le temps de l'expérience, des futurs prévisibles, des souvenirs et des attentes vécues. Il ne s'agit pas du temps long qui voit se modifier les formes du don ou des grandes relations d'échange. L'objectif de Bourdieu est d'installer le temps dans des choses dont on peut dire qu'elles arrivent tout le temps – c'est-à-dire des événements stéréotypés et bien connus par ailleurs. De tels « événements » font comme les institutions et les relations sociales partie de l'ensemble des possibilités appartenant à notre vision générale de la vie sociale. Rendre une visite ou offrir ses services sont des possibilités permanentes du « jeu » ; c'est la structure temporelle du jeu qui nous importe ici et il est évident qu'il doit en être ainsi d'une manière ou d'une autre. Pourquoi s'interroger sur la biographie des joueurs ou sur l'histoire qui les a conduits à jouer ?

Ainsi, il y a des façons de prendre en compte le temps qui n'intègrent qu'une forme de temporalité à l'exclusion des autres[1] et qui de ce fait ne disent rien, par exemple, des changements consécutifs aux incursions métropolitaines dans l'endroit étudié, c'est-à-dire des relations historiques avec des grands systèmes qui ont rendu l'observation possible. D'un autre côté, d'autres temporalités telles que la longue durée des évolutions sociales préhistoriques ou l'histoire politique du siècle ne permettent pas de rendre compte des expériences immédiates et des aspects vécus du changement. Nous nous trouvons ainsi face à la question des conséquences qu'entraîne le fait de privilégier certaines temporalités et devons ainsi prendre des décisions quant au type de discours que nous privilégions – dans la mesure où il paraît illusoire de faire l'hypothèse que toutes les manières de comprendre pourraient être rassemblées dans un cadre large et englobant.

Le structuralisme et le fonctionnalisme s'intéressent en premier lieu à des domaines qui sont constitués de façon « synchronique » : ce qui rentre dans l'espace de la diachronie ou longe sa frontière constitue, comme je l'ai noté plus haut, un résidu hors système dont ces théories ne peuvent pas proposer une analyse véritablement rigoureuse. Le type d'approche qui peut rompre avec cette façon de poser les problèmes doit supprimer la dichotomie en constituant le système dans un processus (diachronique). Tel est le potentiel, du moins abstraitement, de la théorie des systèmes régionaux. Cela dit, l'espoir qu'elle soulève fait aussi ressortir la séparation existant entre les études de systèmes et les études du changement, dans la mesure où cette perspective s'est avant tout intéressée aux grandes modifications des modèles d'échange, à l'explication des modèles d'intensification et d'évolution et à l'érosion et à la consolidation de la hiérarchie ; de ce fait, elle n'a touché qu'à la marge le domaine de l'analyse de la culture qui est pourtant central dans les préoccupations des anthropologues.

LES STRUCTURES DANS LE TEMPS

Aussi la tentative accomplie par Marshall Sahlins dans ses travaux récents de conjoindre l'histoire et l'analyse des structures culturelles est-elle d'un intérêt considérable – plus précisément parce que Sahlins passe de la simple observation du fait que les structures et les idées culturelles sont mises en acte et existent de ce fait dans le temps et la pratique, à l'idée que l'action dans le monde est souvent décalée par rapport aux catégories reçues et aux espérances des acteurs. Un système culturel suscite des actions et organise des événements mais ne peut pas entièrement déterminer ce qui arrive. Cet écart est la source de réévaluations culturelles et de déplacements de signification. Ceci vaut tout autant lorsqu'on parle de la « dialectique du sens et de la référence » dans l'existence routinière des êtres sociaux où qu'ils soient, que des changements profonds et apparemment abrupts qui marquent les rencontres entre l'Occident et les nombreux Autres non-occidentaux. L'argumentation de Sahlins s'appuie en particulier sur une histoire qui est devenue mythique pour les Européens comme pour les Polynésiens – les événements liés au passage et à la mort de Cook à Hawaii en 1778-1779. Son analyse nous importe aussi parce qu'elle tient compte des changements qui sont survenus dans les phases initiales du contact entre les Européens et un peuple indigène, que toutes les tentatives de « reconstruction » des sociétés et des cultures précoloniales doivent prendre en compte.

On sait bien que les sociétés sans État qui avaient eu des contacts limités avec les Blancs ou les étrangers ont souvent cru que les

Européens étaient des dieux ou des ancêtres qui revenaient. Les anthropologues ont en général relativement peu de choses à dire à ce sujet, peut-être simplement parce que ces idées paraissent de faible complexité ou de faible importance mais peut-être aussi parce que leur orientation relativiste les conduit à ne pas faire ressortir des identifications qui semblent témoigner de la crédulité de personnes dont ils souhaitent décrire les modes de pensée différents du nôtre sans les faire paraître moins rationnels. Pourtant, il serait étonnant que l'identification concrète d'un étranger vivant avec un ancêtre n'ait pas mené à une certaine reformulation des croyances relatives à ce qu'étaient les ancêtres – question qui devrait évidemment être au centre des recherches sur la religion « traditionnelle ».

L'identification opérée par les Hawaiiens du capitaine Cook avec leur dieu Lono constitue un exemple particulier de ce phénomène et dérive pour une part du fait que les arrivants étrangers comme le panthéon hawaiien étaient hiérarchiquement différenciés. On peut envisager qu'en ces circonstances il soit possible de reconnaître en l'étranger du rang le plus élevé une divinité suprême qui détient probablement des pouvoirs exceptionnels. Ce cas montre que si un étranger blanc est traité comme tel ou tel dieu – et non pas simplement comme un être divin – alors les catégories culturelles qui unissent ce dieu aux autres dieux et aux effets qu'il a dans le monde vont changer. Dans la mesure où les cosmologies ne sont pas faites de propositions discontinues, les conséquences d'un tel déplacement conceptuel doivent nécessairement affecter d'autres ensembles de signes.

L'une des prémisses du travail de Sahlins est ainsi que nous ne pouvons pas savoir *a priori* qui était Cook. Des faits comme sa date et son lieu de naissance, sa formation et la liste incontestablement impressionnante des lieux qu'il porta sur les cartes forment le savoir biographique que les écoliers australiens ou néo-zélandais sont censés posséder, mais cette série d'événements localisés ajoutée à une carrière héroïque ne s'identifie évidemment pas au Cook des Hawaiiens. La tentative de Sahlins pour connaître Cook se poursuit par la description des figures et des agents de la cosmologie politique hawaiienne.

Ce système était marqué par opposition fondamentale entre une chefferie guerrière usurpatrice et un maître autochtone et productif chargé de la fertilité agraire et du bien-être général. Le premier était identifié à Ku, le dieu de la guerre, et un grand nombre de dieux conçus comme des modalités ou des corps de Ku apparaissaient dans des mythes sous la forme de chefs envahisseurs venus de terres lointaines qui tuaient et expulsaient les chefs locaux et les prêtres avant d'instituer une nouvelle religion dans laquelle les sacrifices humains avaient un rôle prééminent. Ku était étroitement lié aux rois hawaiiens mais il était évincé pendant une période de quatre mois de pluies hivernales régénérantes, pendant laquelle l'image de Lono faisait le tour de l'île, recevait des offrandes et faisait renaître les jardins. Pendant cette fête annuelle du Makahiki, tout se passait comme si l'ordre antérieur à l'usurpation reprenait le dessus : toutes les cérémonies liées à Ku étaient suspendues et le roi restait reclus. À la fin de cette période, Lono était évincé à son tour et le roi incorporait ou s'appropriait ses pouvoirs. Leur antagonisme se manifestait dans une bataille simulée lors d'une étape tardive du rituel annuel (1981 : 10-17 ; cf. 1985b : 206 n. ; Valeri 1985).

Tout cela est important parce que dans la version de Sahlins, le mode de pénétration d'une idée dans la pensée polynésienne est la répétition : les luttes entre chefs de l'histoire traditionnelle sont préfigurées par des oppositions cosmologiques plus abstraites, alors que les légendes produisent de leur côté les façons de comprendre et les actes des personnes du XIXe siècle. Les biographies reproduisent ainsi les mythes et la cosmologie. Alors que les Polynésiens construisaient leur propre identité en ces termes, les étrangers furent en général également pris dans ce schème plus ou moins sans le savoir. Une espèce de logique d'assimilation des personnes se développa comme ce fut le cas pour les objets : les hachettes et l'alcool européens furent insérés dans les catégories indigènes d'objets et supportèrent ainsi les significations et les usages potentiels des classes d'objets antérieures (cf. Thomas 1992a ; Baré 1985 : 178-179).

On aurait pu penser que l'étrangeté de Cook aurait vraisemblablement entraîné son identification avec les dieux du type de Ku. Le fait qu'on lui offrit et qu'il accepta des femmes indigènes aurait pu témoigner de ce type d'usurpation d'identité. Pourtant, l'époque de sa visite et son circuit dans l'île s'ajustaient trop bien au cycle Makahiki de l'image de Lono et il fut identifié à ce dieu. On s'adressa à Cook comme à Lono et on le prépara pour participer à différentes cérémonies et pour recevoir des offrandes. Les coïncidences furent accrues parce que le bateau de Cook partit à peu près au bon moment, les officiers confirmant aux prêtres hawaiiens qu'ils reviendraient l'année suivante. En affirmant que Cook fut un mythe avant d'être un événement, Sahlins fait de Cook une forme nouvelle et particulière de divinité. En partant au bon moment, il se soumettait à l'autorité du chef souverain de la même façon que les pouvoirs de Lono passent chaque année au second plan. Alors que tout cela était cohérent avec le schème traditionnel hawaiien, le navire de Cook réapparut beaucoup trop tôt : l'un de ses mâts fut endommagé et il revint seulement quelques jours après son départ. Cook en tant que Lono constituait maintenant une menace beaucoup plus précise pour le régime de Ku et du chef souverain. Les relations avec les Hawaiiens se détériorèrent et divers incidents de vol et de violence se produisirent, culminant évidemment avec la mort de Cook le 14 janvier 1779. Bien que ce ne fut pas prémédité, elle était cohérente avec les schèmes hawaiiens : Lono était vaincu et son *mana* incorporé par le vainqueur. L'origine britannique des noms et des choses devint par la suite le symbole principal de l'assimilation de ce pouvoir étranger par les chefs hawaiiens. L'accent est mis dans cette analyse sur la réexposition de la structure, sur un nouveau contenu mis dans des formes qui se répètent.

Cela étant dit, les transformations des catégories hawaiiennes suite à leur confrontation à de nouvelles situations et à de nouveaux événements constituent un point important de la thèse de Sahlins. Dans les décennies qui suivirent la mort de Cook, les relations commerciales entre les Hawaiiens et les Européens s'intensifièrent par la convergence de la demande européenne de santal et de vivres et de la demande hawaiienne de fer, d'étoffes, de verroterie, de haches, de fusils et de nombreuses autres choses. Les chefs hawaiiens cherchèrent à contrôler les mouvements de ces choses prestigieuses en étendant le système du *kapu* (la forme hawaiienne du *tapu*), en inventant diverses interdictions pour faciliter leur monopole et en altérant par là même le sens du *kapu*. D'un autre côté, les relations des marins avec les femmes du commun permirent aux femmes de violer des interdits *kapu* tels que manger de la viande ou manger avec des hommes, actes dont les membres de leurs familles étaient complices parce qu'ils désiraient les objets reçus en échange de ces services sexuels. Ainsi, alors que dans la culture hawaiienne pré-européenne le système catégoriel fondamental opposait les hommes et les femmes et recouvrait grossièrement la paire *kapu*/non-*kapu*, le commerce créa une solidarité nouvelle entre les hommes et les femmes du commun et creusa la différence qui les opposait aux chefs. On peut critiquer ces propositions, mais la thèse générale est claire – à savoir que la conjonction de la structure et de la pratique entraîne une modification et un réordonnancement des catégories.

Dans *Les métaphores historiques* comme dans l'article « Structure et histoire » (dans Sahlins 1985a), Sahlins fait ressortir ces propositions théoriques générales. Puisque l'action est comprise en termes de catégories reçues, les structures se reproduisent. D'un autre côté, comme les situations ne reflètent pas nécessairement les catégories, les structures peuvent être réorganisées ou transformées dans le processus de reproduction. Les distinctions générales entre la stabilité et le changement, entre l'histoire et l'événement sont posées comme des constructions occidentales peu utiles qui obscurcissent la temporalité des systèmes comme les dimensions systémiques des événements. L'effet de ces affirmations est d'augmenter l'importance de l'histoire et des événements (puisque les catégories sont réévaluées par la pratique) mais aussi de dépeindre l'englobement des événements par un ordre culturel qui en résulte. Les choses du monde peuvent être initialement ordonnées de façon stricte, mais la réorganisation et la modification de leur sens tiennent compte (au moins temporairement) de la référence.

Dans la perspective de Sahlins, le degré auquel les cultures tolèrent l'écart nécessaire entre le monde tel qu'il est constitué et le monde tel qu'il est expérimenté, et y réagissent, n'est pas uniforme. Il propose une opposition générale entre des structures culturelles « prescriptives » et des structures « performatives ». Dans le premier cas, l'accent est mis sur la conformité avec le type ou avec les traditions établies : les contextes et les événements sont intégrés dans l'ordre dominant, leurs aspects divergents étant le cas échéant supprimés. De l'autre côté, « les ordres performatifs tendent à s'assimiler aux circonstances contingentes » (1985a : xii) ; ils s'étendent d'eux-mêmes, renégocient les règles et inventent des formes politiques. Ils s'accommodent de la disjonction entre la structure et l'événement, alors que les formes prescriptives y résistent. Le système hawaiien – comme on s'y attend pour l'analyse – est d'un type performatif, alors que les Aborigènes australiens et apparemment aussi les Maoris représentent le type prescriptif. Dans ce dernier cas, la pratique est si intimement liée aux antécédents cosmologiques et mythologiques que Sahlins parle de « mytho-praxis » : « le passé maori est un vaste schème de possibilités de vie » ; « les événements sont à peine uniques ou nouveaux, mais ils sont immédiatement perçus selon l'ordre reçu de la structure comme identiques à l'événement originel » ; « le monde maori se déploie comme un éternel retour, la manifestation récurrente des mêmes expériences » (1985a : 57-59[2]). Nous pourrions remarquer ici que le temps tend à se limiter à une relation entre l'ancestralité et le présent, le général et le particulier. La cosmologie est distante et élémentaire, le mythe généalogique plus récent et plus spécifique. La discussion porte alors à ce point sur le temps comme élément de distanciation dans une structure culturelle plutôt que comme dimension constitutive de la vie sociale immédiate.

Nous pourrions être plus intéressés par le fait que le processus de transformation semble avoir disparu en cours de route. Sahlins suggère que les structures prescriptives et performatives sont « "ouvertes" à l'histoire de façon différentielle » (1985a : xii), mais on pourrait excuser les lecteurs de tenir celui-ci pour ouvert et celui-là pour essentiellement fermé. Sahlins reconnaît les liens entre ce couple de termes et l'opposition assez célèbre que Lévi-Strauss a faite entre les sociétés « chaudes » et les sociétés « froides » (Lévi-Strauss 1962 : 309-311). Dans la mesure où la remarque de Lévi-Strauss concernait exclusivement une structure culturelle, et non pas des faits ou des changements véritables, il peut se défendre de l'accusation de nier l'histoire. Mais puisque le structuralisme de Sahlins peut être tenu pour performatif en ce qu'il cherche explicitement à intégrer l'histoire, la nature du changement dans ces systèmes doit être abordée de façon plus rigoureuse. En dépit du fait que la théorie de Sahlins est en partie une description du changement, elle implique curieusement que les catégories prescriptives résistent indéfiniment aux réévaluations, les événements continuant à être perçus dans les termes des schèmes antérieurs et même d'un schème antérieur unique. On a du mal à voir comment un changement significatif pourrait survenir dans un régime si rigoureux de reproduction de la culture. Pourtant, nous savons grâce à l'archéologie que des modifications majeures dans les modes de subsistance, dans les modèles de résidence et probablement aussi dans l'organisation politique ont eu lieu dans la préhistoire de l'Australie et de la Nouvelle-Zélande.

Ce problème ne se pose de manière aiguë que si l'on adopte le concept de système prescriptif proposé par Sahlins dans sa forme extrême. Mais une difficulté encore plus grave apparaît si l'on considère d'autres aspects de l'histoire dont il traite.

Le Cook des Hawaiiens constitue bien sûr ce qu'une autre épistémologie aurait pu appeler l'« expérience cruciale » pour cette théorie. Ici, comme Friedman l'a remarqué (1985 : 191), les événements que la structure n'arrive pas à intégrer sont ceux qui sont liés à un contact extérieur et non pas à une transformation interne. Les aspects spécifiques de ce contexte tiennent à ce que le changement radical a une source bien définie, restreinte et localisée, en ce sens que les événements principaux sont tous reliés plus ou moins directement à la présence des navires de Cook et à l'interaction de ses hommes et de lui-même avec les Hawaiiens. Alors que Sahlins affirme qu'un cas de ce type révèle simplement des processus généraux (1981 : vii), il est frappant qu'un changement interne plus typique impliquerait une dialectique à la fois plus générale et moins marquée. La tension entre le sens culturel et la référence expérimentée y serait à la fois plus fragmentaire et plus progressive. La singularité de la confrontation entre les Hawaiiens et les Anglais est la source de la différence entre le système et les événements, parce qu'on nous présente le système hawaiien face aux actions des étrangers (qui deviennent néanmoins des événements hawaiiens). Cet écart fécond diffère sensiblement de « l'ombre » qui tombe de façon routinière entre « l'idée et la réalité » (comme dans le poème de T. S. Eliot « Les hommes creux »).

Toute relation sociale existe par des actes physiques ou mentaux : des affirmations, des transactions, des perceptions, des réflexions. Le moment du passage à l'acte est nécessairement, en un sens minimal, un moment de transformation. Chaque interaction entre un couple d'amis reproduit leur relation et la redéfinit en quelque manière, tout comme une grève ouvrière peut reproduire des rapports de classes en leur donnant une nouvelle signification. Mettre l'accent sur « la synthèse indissoluble » du système et de l'événement (Sahlins 1985a : 156) permet d'établir une vérité profonde sur les dimensions de l'expérience, mais il peut être trompeur de la considérer comme une théorie utile du changement social, culturel ou historique. Le problème est que la remarque selon laquelle le changement est inhérent au passage à l'acte conduit à une théorie de l'histoire dans laquelle il n'y a aucune source de changement possible en dehors de l'écart entre le sens et la référence[3]. Cet écart a un potentiel génératif spectaculaire dans le cas hawaiien parce que la coupure entre les catégories et les événements dans ce qu'on pourrait appeler la mise en acte interactive des structures y est très marquée. On pourrait également noter que la force particulière de l'argumentation générale de Sahlins dérive de la domination des métaphores de la répétition et de la généalogie dans la culture polynésienne : la théorie est conçue pour la compréhension *ad hoc* d'un cas particulier. Même si l'expérience est souvent modelée d'une manière ou d'une autre par un récit, une telle argumentation n'est véritablement convaincante que lorsqu'il s'agit d'un processus explicite.

Dans des cas plus typiques, « la synthèse indissoluble » de la reproduction et du changement prend un caractère presque mécanique, comme dans les formulations de Bourdieu sur les relations circulaires entre les dispositions des agents, les stratégies et l'*habitus* (1980 : 87-109). En général, la transformation est inévitable mais minime : la « théorie » ne fournit aucune garantie que se produira le moindre changement social différant fondamentalement du genre de changement linguistique graduel qui survient par l'usage – à moins qu'on ne traite de situations de confrontation dramatiques et particulières. Un système ou une structure culturelle peut de ce fait connaître nécessairement des changements sans avoir pour autant de dynamique particulière ; il peut même avoir une « histoire » (au sens étroit du terme) sans pouvoir être caractérisé par le moindre type d'évolution ou de transformation structurelle.

Cela rend raison du fait que les « événements » auxquels est confronté le système hawaiien sont produits par un système externe. Ces événements ne se réduisent en eux-mêmes à aucun type d'histoire structurée. Dans la mesure où on considère l'ordre hawaiien en lui-même, la vieille opposition anthropologique entre un système cohérent et un flux décousu d'événements est en faite reconduite. L'analyse de Sahlins est nouvelle dans sa description de la transformation des catégories issue de ces événements mais elle ne décrit pas les événements et les transformations suscitées à l'intérieur même du système. Ainsi, nous n'avons aucune idée de ce à quoi le changement à Hawaii a pu ressembler avant le contact, au-delà de la légère modification différentielle issue de la mise en acte et de la réévaluation. Le système indigène n'est historicisé que dans ses rapports avec les Européens ; aucune place n'est faite dans ce structuralisme historique pour les théories du changement indigène ou pour les transformations majeures qui ont fait des sociétés hawaiiennes, tahitiennes et de Polynésie occidentale des systèmes sensiblement différents les uns des autres. Le problème est plus aigu encore dans le cas maori, puisque la forme prescriptive est censée empêcher jusqu'à ce minime changement différentiel.

L'un des objectifs de toute théorie sérieuse en matière sociale ou culturelle est sans nul doute de rendre compte de ce qui rend les différents cas distincts les uns des autres. Même si l'analyse de l'importance relative des systèmes symboliques locaux et la détermination de la forme des dynamiques et des relations sociales suscitent de nouveaux problèmes, l'entreprise intellectuelle ne doit pas se limiter à de telles préoccupations. L'analyse structuraliste de l'histoire nous apprend beaucoup sur la façon dont les schèmes de signification intègrent les événements et rendent ainsi raison des origines de certains éléments du système, mais sans aller très loin dans cette direction. Il est donc inévitable qu'aucune tentative ne soit faite pour traiter des changements structurels à long terme, bien que ce soient ces processus qui ont d'abord rendu différentes les sociétés polynésiennes les unes des autres. L'analyse de l'histoire élaborée par Sahlins et par certains de ses proches constitue ainsi une théorie très limitée qui ne dit rien des processus historiques qui ont effectivement différencié les cultures et les conditions de vie dans le temps et l'espace. Si l'analyse doit effectivement embrasser cette large série de questions, l'interprétation des données archéologiques devra être mise en rapport plus directement avec l'analyse sociale et historique.

DES MÉTAPHORES DANS L'HISTOIRE OU DES MÉTAPHORES TEMPORELLES ? L'ÉVOLUTIONNISME IMPLICITE DE SAHLINS

Les bases pour une telle objection deviennent plus fermes si on examine la comparaison que fait Sahlins entre les cultures hawaiienne et maorie (1985b). Son argumentation part du fait que les deux groupes partageaient un système symbolique né en Polynésie centrale, dont l'idée principale était peut-être qu'alors que les dieux sont la source de la vie, ils ne cherchent pas automatiquement ou volontairement à satisfaire les besoins humains ou à faciliter leur satisfaction : « les hommes sont contraints de protéger leur propre existence en infligeant une défaite aux dieux et en s'appropriant ainsi la puissance des femmes et de la terre porteuse » (1985b : 197). Sa thèse est que ce qui vaut de manière générale pour les humains dans le cas maori est « transposé dans le registre de la royauté » à Hawaii (*ibid.* : 196). Dans le cas maori, le pouvoir divin est approprié d'une manière générale : chacun participe au rituel de fertilité agraire en rejouant le conflit entre les divinités Tu (identifiée à l'homme) et Rongo (l'ancêtre des récoltes). Dans le cas hawaiien, Ku est identifié au roi et opposé à Lono, et les deux se succèdent alternativement : au cours du rituel annuel de fertilité Makahiki mentionné plus haut, le dieu régénère la terre mais il est ensuite évincé et battu par le roi. Ainsi,

> *« tout se passe comme si les rites agraires du* hapu [groupe local] *maori s'étendaient dans le Makahiki hawaiien à l'ensemble de la société et de l'univers. L'exagération cosmologique est le corollaire de la transformation hiérarchique et de l'incarnation de l'humanité dans le roi. »* (*ibid.* : 210).

Cette analyse définit une opposition stimulante mais certaines des idées qui la sous-tendent sont profondément problématiques. À un premier niveau, la description expose simplement une série de différences, chaque cas étant présenté comme une « version » de l'autre (p. ex. 203, 205-206). Pourtant, on voit clairement que ces oppositions doivent être mises en rapport avec « la transformation de la royauté sacrée » (216). Il est ainsi fortement sous-entendu que le cas maori est une sorte d'état initial à partir duquel la société et la culture hawaiiennes se sont élaborées. L'argumentation n'est pas simplement animée par les ressemblances et les différences mais par la relation, le mouvement et l'inversion : ce qui nous intéresse dans le sacrifice humain à Hawaii n'est pas, dans ce cas, ses caractéristiques internes mais le fait qu'il figure à un certain point du chemin allant *de* la relation métonymique homme-dieu existant dans le cas maori – les guerriers agissant comme des dieux et reproduisant les luttes divines dans les guerres cannibales – *aux* « associations et soumissions métaphoriques » (215) du sacrifice du roi. Cette logique du « de… à… » tire beaucoup de son attrait de l'affirmation qu'un certain processus de transformation sociale a eu lieu, mais Sahlins ne juge pas nécessaire de décrire ou de préciser ce processus. En dépit de l'accent mis sur les relations entre la structure et le changement dans d'autres parties du travail de Sahlins, ces liens s'effondrent ici : aucune suggestion n'est faite pour associer un modèle particulier de changement social avec l'une ou l'autre des formes et les processus de transition et d'évolution sont réduits à un processus de mise en rapport des types qui est fondamentalement extérieur à l'analyse des propriétés structurelles de l'un ou l'autre cas. La position théorique que cela implique est ainsi très proche de l'analyse néo-évolutionniste des différentes « étapes » du développement social, qui dit en fait très peu de choses sur le passage entre des formes essentiellement discontinues.

Nous retrouvons dans le fait de constituer la société maorie comme une forme initiale ou ancienne les problèmes spécifiques que nous avons identifiés dans l'argumentation de Goldman. Aucun ethnologue n'affirmerait explicitement que la société maorie est demeurée statique entre l'époque lointaine où les Hawaiiens partirent dans leur propre direction innovante et l'époque des rencontres avec Cook et d'autres explorateurs. Mais une telle affirmation est implicite dans les argumentations de Sahlins et de Goldman. Une telle perspective aurait pu avoir un faible degré de plausibilité si la population hawaiienne était issue des Maoris mais la préhistoire est plus complexe (cf. Kirch 1986). En dépit du fait indiscutable d'une origine partagée avec les Hawaiiens, les groupes colonisateurs maoris sont partis de l'est de la Polynésie à une époque différente et sans doute dans des conditions différentes. Ces questions sont évidemment secondaires si on reconnaît qu'il y a eu des évolutions locales et des divergences en Nouvelle-Zélande, mais une telle histoire serait inacceptable s'il fallait admettre la relation que Sahlins postule entre les cas hawaiien et maori.

LA CRÉATIVITÉ STRUCTURELLE ET L'ACTION INDIVIDUELLE : ACTEURS ET VICTIMES DE L'HISTOIRE

Le comportement des insulaires est l'un des thèmes dominants de l'histoire du Pacifique depuis les années 1950. Contrairement à l'image grossière véhiculée par les descriptions populaires telles que *L'impact fatal* de Moorehead (1968), présentant la destruction rapide et sauvage des cultures indigènes par les étrangers et en particulier par les missions, certains travaux ont mis l'accent sur le fait que les insulaires ne furent jamais les dupes passifs ou les simples victimes des Européens. Dans ce contexte, les preuves de manipulation active de colons ou de missionnaires par les insulaires pour leurs propres fins et les divers motifs de participation à des relations ou à des transactions qui nous paraissent de l'ordre de l'exploitation furent analysés (Davidson 1955 ; Howe 1984). Ce thème est d'une très grande importance, et la question du degré auquel les groupes opprimés dans une société donnée ou dans un ensemble de situations coloniales ont été des victimes submergées par des circonstances ou une force supérieures, ou bien des acteurs qui ont joué leur rôle dans la création de leur propre situation a souvent été posée (p. ex. Thompson 1963).

Relativement aux contacts et aux relations dans les périphéries coloniales, ces arguments postulent une certaine intransigeance de la part de la culture locale : les dons ou les demandes des étrangers sont acceptés dans la mesure où ils sont en accord avec un schème antérieur définissant les buts et les stratégies. L'argumentation de Sahlins développe un thème complémentaire en mettant l'accent sur les dynamiques créatives des schèmes culturels indigènes. Les éléments de la culture, les choses isolées comme les noms et les nouveaux objets sont intégrés dans un ordre qui n'est pas modifié, comme si de nouveaux réseaux permettant de se procurer des fusils et le transport maritime venaient simplement faciliter de vieux objectifs. Traiter Cook comme un dieu témoigne d'une appropriation symbolique plutôt que d'une soumission, tout comme le célèbre rejet aristocratique du système *kapu,* en 1819, a été déterminé par certaines étapes antérieures de transformation politique et religieuse plutôt que par l'abandon de la culture hawaiienne pour le christianisme. L'acquisition de l'alcool comme « kava britannique » est née de manière comparable de l'intégration de l'apparence européenne comme symbole politique tahitien, plutôt que comme processus corrupteur d'« acculturation » (cf. Thomas 1992a).

Ni les historiens ni Sahlins n'ont vu que ces élaborations résistantes impliquaient une relation de pouvoir particulière à une certaine phase de l'histoire coloniale, à savoir la période allant du contact initial à l'établissement d'une domination européenne formelle ou d'une certaine forme d'occupation désorganisatrice. La projection du pouvoir européen était alors réfrénée faute d'intérêt et gênée par une certaine résistance qui tendit à être outrepassée dans les phases ultérieures. Les demandes des navigateurs européens – qui avaient la plupart du temps les moyens de surmonter certaines formes de résistance indigène – se limitaient en général à ce qu'ils pouvaient obtenir par l'échange à la périphérie des sociétés locales. Certains commerçants cherchaient des marchandises telles que le santal, la *bêche-de-mer**, les perles, et les porcs ; de nombreux visiteurs désiraient simplement de l'eau fraîche et des provisions. Peu importe dans ces cas comment ces biens furent obtenus : ces demandes n'exprimaient pas une intention de posséder la terre, de contrôler les ressources, d'organiser le travail au-delà d'un

* En français dans le texte.

niveau temporaire et minimal ou d'interférer d'une autre manière dans les relations internes. Les navigateurs tentèrent généralement de déterminer les formes et les termes de l'échange mais les insulaires les refusèrent souvent tout comme ils refusèrent fréquemment de participer à l'échange quand ils n'étaient pas satisfaits par ce qui leur était offert en retour pour leurs biens. Bien que certains de ces visiteurs exprimèrent leur désapprobation auprès des chefs avec qui ils traitaient quant à la guerre locale ou à certaines coutumes telles que l'infanticide, ils n'accomplirent aucun effort sérieux pour modifier l'ordre indigène. Comme dans le cas du commerce nord-américain de fourrure, cette interaction eut toutes sortes de conséquences et tendit à produire une dépendance interne envers le commerce extérieur, mais elle laissait aux populations indigènes une grande marge d'autonomie.

De leur côté, les missionnaires avaient l'envie mais généralement pas les moyens de restructurer les sociétés indigènes. Bien qu'il soit possible que beaucoup d'entre eux eussent souhaité évincer les chefs et assumer eux-mêmes l'autorité et n'eussent guère émis de réserves devant l'idée d'imposer un nouvel ordre social, un tel processus ne se produisit qu'en de très rares occasions (même si certains missionnaires ont bien eu une influence politique). Dans les premières phases en particulier, les missionnaires se trouvèrent souvent isolés et relativement pauvres, et ils n'étaient visiblement pas soutenus par d'impressionnantes forces extérieures. Très loin de se trouver dans la position de désorganiser ou d'interdire des coutumes, ils eurent même parfois des difficultés à obtenir des vivres et une coopération minimale. Dans certains cas plus tardifs, des codes juridiques édictés par les missionnaires furent adoptés dans certaines organisations politiques indigènes, mais ils témoignent de l'expansion du pouvoir de certains chefs sous couvert d'évangélisation plutôt que de l'efficacité décisive de l'intervention missionnaire.

Les relations des populations indigènes avec les étrangers furent ainsi localement manipulées et volontairement reconduites plutôt qu'imposées de l'extérieur. Dans ces circonstances, il y avait de la place pour le genre d'innovations symboliques dont traite Sahlins. Dans la mesure où ces relations avec l'extérieur avaient tendance à être jugées positivement, la logique des significations fut étendue pour englober et, en un certain sens, pour s'approprier certains aspects de ce qui était étranger.

Les propriétés d'une situation coloniale formelle dans laquelle une domination administrative s'affirme ou dans laquelle les arrivants dépossèdent les indigènes de leurs terres ou de leur travail sont bien sûr très différentes. Parler d'un ordre culturel performatif qui se transforme en fonction des circonstances est une chose, mais c'est bien autre chose pour un peuple de voir ses chefs perdre leur pouvoir, ses terres spoliées et ses principaux rituels interdits. Ce peuple aura tendance à penser que le « malentendu productif » qui fonctionne parfois de manière si inventive dans la mise en acte interactive des structures culturelles n'est pas très productif dans leur cas. Le type d'« assimilation » que Sahlins décrit dans le cas hawaiien n'est pas aussi radical que le laisse entendre sa discussion théorique dans la mesure où les formes culturelles s'y adaptent à un nouveau contenu. Il suppose une situation de pouvoir peu interrogée dans laquelle les acteurs possèdent un ensemble d'intérêts et d'objectifs qui ne sont pas dictés prioritairement par l'influence extérieure. Mais d'autres situations de pouvoir évinceront certains acteurs ; la pertinence de la structure culturelle qui définit les valeurs liées à leur position s'évaporera ; quelque autre logique devra émerger qui reflétera la nouvelle situation ; le changement culturel n'aura pas la continuité qu'on peut discerner lorsque ce sont, à un certain niveau, les termes qui changent dans la structure et non pas ses conditions d'existence. Il est bien inutile de faire remarquer qu'il y a dans tous les cas de la continuité et du changement mais des différences de degré entraînent des transformations qui sont qualitativement différentes.

Cela ne revient pas à dire que les cultures indigènes sont simplement « détruites » et remplacées par des catégories introduites de l'extérieur, dans la mesure où même dans les contextes où la langue de la métropole a été imposée et où tout semble éloigné de tout passé traditionnel on retrouve parfois certaines idées importantes relatives à la personne et à l'action qui ont peu à voir avec la culture dominante. Mais dans de tels cas, les mécanismes sont sensiblement différents : parfois, le peuple dominé adopte à moitié les représentations du colonisateur, quitte à les inverser et à juger positivement ce que la culture dominante dénigre. Ainsi, dans les communautés « traditionnelles » de certaines parties d'Hawaii aujourd'hui, on insiste sur les vertus du don, de la réciprocité et de l'égalitarisme dans l'interaction, non pas parce que de telles pratiques témoignent réellement de certains traits qui auraient persisté depuis les temps anciens mais précisément parce que le partage et la parité inversent les règles du monde marchand extérieur dans lequel ces communautés sont pauvres et marginales (Linnekin 1984). Le partage et la réciprocité ont souvent été tenus pour des traits typiques de sociétés simples mais on n'a pas suffisamment remarqué qu'il s'agit souvent d'une éthique comportementale qui demeure en l'absence d'égalité et de réels processus de partage. Il est révélateur qu'en Nouvelle-Guinée, on se réfère communément à ce type de partage égalitaire au moyen d'un terme pidgin, *wanwan* (donner la même chose à chacun, de l'anglais *one-one*) ; cela signifie que ce comportement dérive de contextes tels que les plantations dans lesquelles la solidarité fraternelle des travailleurs indigènes est mise en avant face à l'inégalité qui caractérise leurs relations externes avec les gérants (ou avec les commerçants) (Thomas 1992b). On pourrait démontrer que ce type d'expression culturelle réactive est très largement répandue dans les situations coloniales et non-coloniales (cf. Beckett 1987 : 92, 108-109, *passim*) ; et que, par exemple, la plupart des caractéristiques spécifiques des sociétés de chasseurs-collecteurs ne dérivent pas de leur simplicité primitive mais plutôt du fait de leur « encerclement » par des groupes menaçants et potentiellement dominateurs qui s'appuient sur d'autres modes de production. Dans de telles situations, les relations historiques doivent être tenues pour constitutives et non pas contingentes dans la restitution culturelle du symbolisme local comme dans toute description adéquate des relations sociales.

Le cas Cook/Lono ne constitue ainsi un modèle que pour un certain type de changements historiques. Des processus comparables ont peut-être eu lieu plus souvent dans le Pacifique que dans les continents colonisés, parce que la nature insulaire des sociétés du Pacifique leur a fourni certaines défenses contre la désorganisation et laissa une plus grande place aux manipulations indigènes d'intrusions coloniales relativement gérables. Dans de tels cas, on peut légitimement affirmer que nous assistons à l'intégration locale d'un « système-monde » constitué plutôt qu'à l'intégration et à la subordination du système local dans l'économie mondiale. Mais vint un moment pour chaque lieu – peut-être est-il encore à venir pour certains endroits – où ces incursions cessèrent d'être gérables. L'histoire postérieure à cette époque ne peut pas être comprise en termes de modification marginale et d'extension d'une logique culturelle indigène. Le flot des dons extérieurs cesse d'être de l'ordre de l'événement contingent que la structure interne reçoit et traite sélectivement et l'aspect structurel de ce qui vient de l'extérieur empiète alors sur le système local et ses contingences.

LA CULTURE DANS L'HISTOIRE

Ces critiques rendent nécessaire une extension de la perspective anthropologique dans deux directions : d'abord, plus loin en arrière dans le temps, pour saisir les processus qui produisent les différenciations sociales et les dynamiques sociales ; et ensuite, vers l'ensemble des processus inter-sociétaux, y compris ceux qui sont constitutifs des systèmes coloniaux et de leurs effets locaux.

De nombreuses catégories sociologiques véhiculent des jugements sur la complexité relative, l'inégalité, l'élaboration culturelle, la capacité productive, etc. Ces concepts situent les sociétés en des termes implicitement évolutionnistes sans imputer explicitement des processus ou même des séquences évolutives. L'opposition entre les ordres culturels prescriptifs et performatifs est du même ordre dans la mesure où nous avons clairement affaire dans le dernier cas à des histoires relativement « chaudes » – c'est-à-dire des séquences de changement et d'évolution proches des nôtres et relativement éloignées du temps répétitif des vrais primitifs. L'opposition entre la Nouvelle-Zélande et Hawaii implique une évolution du premier cas au second qui est supposée rendre manifeste un processus plus général.

Les grandes catégories sociologiques sont importantes parce que certains groupes mal définis ont effectivement des traits en commun, y compris dans leurs façons de faire face ou de s'adapter aux intrusions métropolitaines. Mais si l'anthropologie ne veut pas se limiter à expliciter l'idéologie mise en acte lors de ces intrusions, il lui faut spécifier les fondements de ces types et des ces transformations. Une histoire véritable peut évincer le discours évolutionniste comme structure chronologique nécessaire englobant une grande variété de cas et leur donnant une signification générale dans notre propre culture. Là où il n'y a pas d'enregistrement documentaire ancien, les données archéologiques sont un élément crucial de ce mouvement explicatif puisqu'elles appartiennent à une histoire très localisée et permettent de rompre avec des schémas évolutionnistes culturellement connotés.

La difficulté est que le rapport des données archéologiques avec les processus sociaux ou avec les processus sociaux marquants dans une situation historique donnée est hautement variable. La plupart des données sont en rapport avec des questions technologiques spécifiques et non pas avec les modes de subsistance, le commerce, les changements de mode de résidence, l'organisation politique, etc. Mettre en rapport ce qui est attesté archéologiquement et ce dont on a des traces documentaires historiques ou des observations ethnologiques peut impliquer d'associer des temporalités différentes. Les effets potentiels des processus à long terme en termes de production plus ou moins intensive, d'orientation générale vers l'échange ou la guerre, etc., doivent être mis en rapport avec les réalisations historiques des groupes en question. La diversité à une époque particulière – il y a quelques siècles, au début de la période de contact, pendant la colonisation ou actuellement – peut être cruciale au déploiement des transformations à court et long termes. Les tentatives de « traduction » entre la préhistoire et une nouvelle forme d'enquête socio-historique seront ou non problématiques selon que les travaux existants sont compatibles ou non avec de tels objectifs. Dans le Pacifique, il y a toujours eu une certaine coopération entre les anthropologues, les préhistoriens et les historiens et il existe ainsi une base pour des projets pluri-disciplinaires.

Le processus colonial est un aspect essentiel de toute recherche mieux fondée. Cela n'a guère été reconnu sur le terrain de l'anthropologie interprétative et symbolique. Le caractère réactif et oppositionnel de certains processus culturels de première importance ne peut tout simplement pas être compris si on ne prend pas en compte les relations larges et l'histoire d'où sont nées certaines inégalités. Cela peut sembler évident mais le fait est que de nombreux changements de perspective en anthropologie ont préservé l'idée de base que ce qu'on étudie c'est un système donné à un moment donné. Divers auteurs ont, bien sûr, insisté sur l'importance du contexte colonial (p. ex. Worsley 1957 ; Asad 1973), mais les effets de cette intuition sont restés limités parce que l'interdépendance de la théorie, de la méthode et des orientations générales du discours anthropologique n'est guère admise. Certaines perspectives théoriques ont mis en avant certains types de temporalité, mais elles ont en vérité rarement tenu ensemble les données ethnographiques et l'histoire coloniale : on peut maintenant considérer les systèmes sociaux comme ouverts ou perméables, mais il demeure possible de reconnaître des influences extérieures de différents types sans admettre la profondeur des transformations internes suscitées de l'extérieur. La redéfinition des intérêts de l'anthropologie, l'élaboration d'une pratique anthropologique étendue, la reconstitution de l'histoire et la critique de l'évolutionnisme sont des exercices qui paraissent opérer à différents niveaux mais qui s'impliquent mutuellement dans l'effort pour transformer notre pratique intellectuelle.

CHAPITRE 9

L'aspect des événements

En un certain sens, les événements sont toujours en même temps des résultats, des expressions et des nouveautés. Mais les différentes constructions savantes les interprètent en accentuant inégalement ces différents aspects. Si l'on voit l'histoire comme une « concaténation d'entités ou d'événements discontinus et transitoires, chacun étant unique par ses particularités » (Ingold 1986 : 74-75), les événements apparaissent de manière immédiate comme les produits de causes contingentes mais ils ont aussi un caractère imprédictible et quelque peu arbitraire quand on les regarde à distance. Des choses de grande importance peuvent survenir pour des raisons insignifiantes et fortuites, comme on le dit dans la comptine :

Parce qu'il manquait un clou,
Le fer à cheval fut perdu,
Parce qu'il manquait un fer,
Le cheval fut perdu,
Parce qu'il manquait un cheval,
Le cavalier fut perdu,
Parce qu'il manquait un cavalier,
La bataille fut perdue,
Parce qu'il manquait une bataille,
Le royaume fut perdu,
Et tout cela parce qu'il manquait
Un clou d'un fer à cheval.

D'où la profonde méfiance des historiens les plus classiques, empiristes sans compromission, pour tous les modèles déterministes tels que le schème marxiste. Même des explications moins déterministes rencontrent une attitude pathologique de précaution suspicieuse et une circonspection peureuse attentive à la pluralité des causes et à la multiplicité des aspects. Ces historiens peuvent admettre l'existence de relations entre un événement et un ensemble de causes, mais ils n'attribueront pas à celles-ci un caractère systématique si bien qu'elles auront tendance à être éclipsées par la force de l'événement lui-même. Ainsi, la forme discursive dominante met en avant des effets singuliers plutôt que des processus. Le flux temporel semble ainsi n'avoir aucune structure, bien que les lecteurs de textes historiques rencontrent sans cesse des formes narratives et des tropes : les carrières se poursuivent, les nations se construisent, les empires déclinent.

Il en va autrement en anthropologie et en sociologie. Les codes symboliques ou les systèmes de règles de comportement ne sont pas « causés » de manière immédiate. Ils s'expriment mutuellement de manière circulaire ou se déterminent l'un l'autre de manière fonctionnelle. Quand il arrive qu'on traite des événements, ils n'ont guère le caractère singulier de l'action historique ou de l'accident. À travers la notion d'acte de parole ou dans d'autres formes de passage à l'acte, l'événement se trouve réduit à une relation au système qui lui a donné naissance. Ce qui a lieu n'a nulle vie propre en tant qu'intrusion dotée d'une causalité vague ou partiellement indéterminée mais constitue plutôt l'expression d'une structure, la manifestation d'un ordre culturel ou d'un ensemble d'idées déterminant les comportements.

D'où la forme stéréotypée que prennent habituellement les événements dans les monographies anthropologiques qui ont pour objet essentiel la forme ou l'organisation d'un système. On nous dit que quand un père meurt, son fils doit organiser certaines cérémonies, etc. ; c'est la traduction abstraite et généralisante d'un événement qui peut aussi prendre une apparence semblant plus immédiate – un cas particulier, mettant en jeu des personnes localisées et nommées. Mais le rôle de cette spécificité est en général de l'ordre de la validation plutôt que de l'information – tout comme les rumeurs urbaines sont authentifiées au moyen de détails falsifiés. Il en va ainsi parce que les noms des gens ou de leurs clans ne signifient rien à moins qu'on ne dispose d'une description sérieuse du cadre de leur vie, de l'histoire de leur village, de la politique locale, des querelles et des biographies. Cette dimension de particularité et de récit est présente dans certaines des meilleures descriptions ethnographiques, mais elle disparaît en général en raison de la tension qu'elle fait naître par rapport au projet visant à restituer un ordre ou une cohérence. Les événements ou les cas dépouillés de leur contexte n'ont plus alors que le rôle d'exemples et d'illustrations.

Les difficultés que nos thèses peuvent susciter abstraitement sont considérablement augmentées par le fait que nous parlons d'un monde colonisé, dans lequel les États post-coloniaux n'ont pas cessé d'intervenir dans la vie des populations tribales dépendantes à l'intérieur de leurs frontières (puisque l'Occident admet et célèbre le caractère « chaud » de sa propre histoire, il n'est pas nécessaire d'y faire référence ici). Il y a un gouffre entre les théories de l'événement et de l'histoire qui font du changement l'envers de la pièce de la reproduction ou du passage à l'acte stéréotypé et les caractéristiques effectives du monde ethnographié dont ce discours prétend traiter. Fabian a bien montré que l'anthropologie crée une fausse distance temporelle entre les producteurs du savoir anthropologique et leurs Autres contemporains qui sont en fait nos égaux (1983). Cette installation (paradigmatique) des sociétés autres dans un autre temps a, bien sûr, une dimension idéologique marquée. Un aveuglement idéologique convergent naît des exclusions que j'ai signalées : quand de nombreuses vies sont ravagées par des changements sauvages et de nouvelles inégalités naissant directement ou indirectement de la conjonction des dynamiques locales et globales, il semble quelque peu absurde que l'anthropologie veuille continuer à privilégier le champ anti-temporel des relations et des formes symboliques ou de la logique culturelle qui accorde des valeurs différentielles dans la marche organisée des gens, de leurs pensées et de leurs actes.

Les romans policiers classiques fournissent un autre modèle pour aborder les événements. Par définition, le meurtre y apparaît à l'origine comme un événement intrusif : il survient comme un choc pour les individus et comme une menace pour une existence bourgeoise confortable et réglée. Rien ne pouvait advenir avec une relation plus problématique aux catégories et aux significations. Cela étant, à mesure que l'enquêteur progresse, il devient apparent que la communauté ordonnée avait un comportement décalé par rapport à la description qu'elle donnait d'elle-même : une forêt de mobiles, de ressentiments et de raisons de suspecter apparaît. Ce processus ne revient pas simplement à mettre à nu le contexte qui rend l'événement explicable, mais aussi à fournir une super-contextualisation imposante qui fait de l'acte meurtrier le résultat logique des griefs de chaque suspect et des occasions dont il a disposées. Si on laisse de côté le fait que les choses ne se répètent jamais à l'identique, l'événement disparaît ici dans la mise en acte d'un contexte comme une conséquence des relations et des perceptions (et c'est en fait le type de solution qu'offre le texte de Bradd Shore « Mystère à Samoa » à un meurtre sur un terrain ethnographique). Le discours anthropologique construit une pareille surabondance de motifs, une abondance insidieuse de sens et de causalité. Cela ne revient pas seulement à noyer les particularités, mais aussi à faire échouer les tentatives de délimitation des causes et des raisons, puisque par leur multiplicité elles se recouvrent et se surdéterminent. Le détective agit différemment et son action implique de restreindre l'importance du contexte, puisqu'il assume en exposant la logique du problème que certaines circonstances ont été de moindre importance que d'autres, que certains points apparemment importants ne l'étaient guère, que certaines accusations n'étaient pas aussi fondées qu'elles semblaient l'être à un moment donné. Parfois, le cœur du problème se situe dans un passé lointain et parfois dans un pays éloigné – dans les romans de Conan Doyle, il provient souvent de régions colonisées comme l'Inde et, ironie !, les Îles Andamans. Les événements sont ainsi renvoyés à une logique plus profonde, dont les dynamiques à long terme sont vraiment déterminantes plutôt qu'inéluctablement plurielles.

CONCLUSIONS

> *« De ce fait, l'intérêt renouvelé pour l'histoire de notre discipline et l'enquête disciplinée sur l'histoire de la confrontation entre l'anthropologie et ses Autres ne nous éloignent pas de l'empirie mais constituent des questions pratiques et réalistes. Elles représentent des façons de rencontrer l'Autre sur un même terrain, dans le même Temps. »* Johannes Fabian, *Le Temps et l'Autre.*

Les points centraux des thèses que j'ai explorées dans cet ouvrage peuvent être résumés ainsi (pour essayer de les présenter aussi simplement que possible, je laisse de côté les nuances et les notes en bas de page des discussions précédentes) :

1. Il faut admettre que l'anthropologie, comme les autres discours spécialisés, fonctionne dans la pratique comme la culture en général et n'est donc pas seulement gouvernée par les attentes rationalistes. Ceux qui pratiquent la discipline aspirent sans doute à la scientificité, mais les modèles décrivant la façon dont la recherche *devrait* être menée ne décrivent pas de manière adéquate la façon dont elle *est* menée. Une épistémologie prescriptive, qu'elle soit positiviste ou herméneutique, a ainsi une pertinence très faible pour l'analyse rétrospective de l'histoire de la pensée anthropologique comme pour l'élaboration théorique de méthodes appropriées pour la recherche future. L'anthropologie est une pratique produisant du savoir qui s'est accomplie, et qui continue de s'accomplir, dans un certain contexte institutionnel et généralement aussi dans un contexte colonial. Tels sont les cadres de la collecte des données ; les facteurs qui déterminent les orientations théoriques et les méthodes sont les mêmes que ceux qui façonnent la forme des données. Il n'y a pas de séparation tranchée entre la théorie, les méthodes et les données. Les données n'existent pas de manière stable indépendamment de l'évolution des querelles et des styles intellectuels. Les implications théoriques des descriptions ethnographiques peuvent ainsi se transmettre à des ouvrages théoriques qui considèrent innocemment que leurs sources ne sont pas problématiques.

2. Cette posture épistémologique peut aider – du moins m'a-t-elle aidé – à distinguer dans les textes anthropologiques les prémisses réelles et les objectifs cachés des raisons avancées explicitement. Elle permet ainsi de critiquer les relations fondatrices du discours anthropologique.

3. L'omission de l'histoire dans la description et l'analyse anthropologique n'a pas eu lieu par inadvertance mais constitue une exclusion systématique. L'exclusion des processus historiques était un élément nécessaire à la professionnalisation de la discipline et elle s'est perpétuée parce qu'à un niveau général, l'objet de la discipline n'a pas changé. Cet objet était et demeure essentiellement une structure ou un système social ou culturel hors du temps. Les diverses explications et interprétations sont tributaires de la cohérence des éléments du système qui sont privilégiés dans telle ou telle forme d'analyse plutôt que des processus impliquant à la fois

l'importance positionnelle ou fonctionnelle des éléments du système et leur causalité historique. Le nombre d'études ethnographiques qui ont effectivement rompu avec cette orientation est faible – bien plus faible que celui des travaux affirmant un certain type d'intérêt pour l'histoire.

4. L'approche anhistorique de l'anthropologie a suscité au moins deux types de problèmes. D'abord, les relations entre le fonctionnement habituel d'un système, le changement et les transformations historiques n'ont jamais véritablement été théorisées. Il en va ainsi parce que les systèmes sont relativement ordonnés alors que ce qui leur est extérieur est, par définition, non systématique. Mettre l'accent sur la cohérence ou la reproduction d'une « culture » ou d'une « société » hors du temps fait de l'« histoire » un résidu incohérent et peu structuré constitué d'événements contingents[1].

Ensuite, de nombreuses erreurs d'interprétation tiennent au fait de traiter certains phénomènes culturels ou sociaux en termes de position dans un système alors qu'ils sont liés à un changement historique plus ou moins récent. Ayant renoncé à l'affirmation erronée selon laquelle les cultures indigènes sont demeurées inchangées ou se sont développées de manière autonome sur une longue période, de telles interprétations ne sont pas toujours fautives parce que les événements acquièrent évidemment une signification sociale et culturelle. Pourtant, un tel type de description est toujours partial et fallacieux dans la mesure où la logique du système est tenue pour une explication qui se suffit à elle-même.

5. a. L'exclusion de l'histoire et la professionnalisation de la discipline ont aussi eu pour résultat d'exclure les travaux ethnographiques qui n'avaient pas été réalisés par des anthropologues professionnels. Les justifications de cette exclusion générale sont hautement contestables. La qualité des descriptions missionnaires, par exemple, est très inégale ; mais les propriétés de leurs descriptions et leur familiarité avec les populations indigènes sur laquelle reposent généralement leurs propositions nous incitent à placer ces textes, en tant que catégorie générale, sur le même plan que ceux des professionnels. Les jugements sur la valeur de certains textes ne doivent être prononcés qu'au cas par cas et tiennent autant au projet du lecteur qu'aux caractéristiques intrinsèques du texte.

b. Les documents historiques qui ne sont pas des descriptions ethnographiques sont souvent d'une importance vitale, mais sur un tout autre plan. Ils fournissent les sources d'une connaissance des événements qui ont eu un impact sur les groupes étudiés ; de nombreuses descriptions ethnographiques de sociétés non étatiques ont négligé ces processus dont d'autres études ont montré les conséquences importantes pour le système considéré. Ainsi, des textes qui ont peu de valeur en termes ethnographiques ne peuvent être négligés à moins de refuser toute causalité historique. Les obstacles et les difficultés théoriques sont négligeables par rapport aux facteurs pratiques parce que la plupart des anthropologues n'ont aucune formation historique, ne savent pas quels types de sources existent, ni comment il faut les rechercher, ni comment ils peuvent les contextualiser et les évaluer. Faire une recherche historique ne se réduit pas à prendre hors contexte quelques sources riches pour les utiliser comme filon de données ethnographiques.

6. Le point 4 a eu pour conséquence que diverses tentatives pour intégrer le temps ou l'histoire en anthropologie ont échoué parce que l'objet de l'anthropologie n'a pas été redéfini. Des réflexions telles que celles de Bourdieu ou de Sahlins peuvent ainsi traiter de la temporalité et des représentations de l'histoire sans intégrer véritablement l'histoire réelle. Ces tentatives conservent l'idée centrale de système ou de structure, tout en insistant sur son enracinement dans le temps. Or cet enracinement ne peut véritablement intégrer l'histoire réelle que si l'on remplace le « système » par le « processus systémique » comme objet de l'analyse.

7. Ma conception de l'histoire comme processus systémique dérive par des voies détournées de la théorie de l'évolutionnisme social, mais elle rompt avec celui-ci en plusieurs points cruciaux. Les idées d'« étapes » et d'« orientation » doivent y être remplacées par celle de transformations qui, dans des contextes régionaux déterminés, ne sont pas orientées. La logique évolutionniste classique qui consiste à parler d'une société contemporaine comme d'une forme primitive d'une autre société est complètement erronée. Pour remplacer ce qui a été à bon droit tourné en dérision comme une histoire conjecturale, on peut s'appuyer sur l'analyse historique ordinaire (quand les sources sont disponibles), sur l'archéologie et parfois sur d'autres techniques telles que la reconstruction linguistique. Ces

méthodes impliquent toujours un certain degré de spéculation et, dans certains cas, ne peuvent produire qu'une image générale à gros grains. La question de la valeur et de la vraisemblance de ces méthodes ne peut être résolue que dans des contextes régionaux singuliers. C'est évident dans le cas du Pacifique.

8. Si l'on considère l'histoire comme un processus systémique, le point 5b a pour conséquence de mettre un terme à la division généralement admise en anthropologie entre la cohérence des systèmes traditionnels et le cours hasardeux et turbulent de l'histoire ultérieure. Les interprétations de celle-ci sont généralement beaucoup plus faibles que l'analyse de ceux-là. Une analyse satisfaisante supposerait, par exemple, de traiter les intrusions métropolitaines dans les territoires dominés comme d'un processus structuré, de la même façon qu'il faudrait traiter du système indigène. On ne saurait prétendre qu'une telle analyse est simple. Pourtant, elle définit une région spécialement importante pour la recherche, parce qu'elle s'intéresse plus directement aux problèmes contemporains des sociétés du Tiers-Monde et des sociétés non-étatiques que ne le font les thèmes centraux du débat anthropologique actuel. Cela ne veut pas dire que toutes les enquêtes qui ne s'intéressent pas au contexte néo-colonial sont sans valeur – puisque de toute façon certaines d'entre elles portent indirectement sur ces problèmes – mais que la discipline est inadaptée en voulant conserver des centres d'intérêt qui marginalisent des questions aussi importantes politiquement.

9. De nombreuses analyses anthropologiques qui n'ont apparemment rien de commun avec les anciennes formes du discours évolutionniste et qui ne se préoccupent même pas des questions liées au changement social conservent des prémisses évolutionnistes. Celles-ci apparaissent à l'occasion, par exemple sous la forme d'oppositions entre types de sociétés, mais elles sont souvent largement cachées par des concepts et des jugements relativistes. La critique de tels matériaux ne peut s'accomplir que dans un cadre épistémologique qui isole les concepts qui animent tel ou tel texte ; l'exercice plus franc qui identifie les affirmations ou les positions explicites avec les prémisses véritables d'un texte ne peut aller au cœur du problème.

10. Une vision anthropologique recentrée devra s'intéresser aux données archéologiques pour traiter du changement social à long

terme. Elle traitera également plus largement des événements historiques et de leurs conséquences : ce type de données devrait acquérir la même importance que celle dont disposent aujourd'hui les minutes de l'observation ethnographique et les énoncés des informateurs. Le travail de terrain ne sera pas évincé, mais décentré : le plus grand potentiel de recherche vient de la conjonction de cette sorte de connaissance intime et d'une recherche historique à court et long termes et non de la mise en avant d'une de ces pratiques à l'exclusion de l'autre.

Postface à la seconde édition (1996)

Depuis que ce livre a été écrit, la séparation entre l'histoire et l'anthropologie est devenue de plus en plus confuse. Les travaux solides inscrits dans l'une de ces disciplines s'appuyant sur les méthodes de recherche et les perspectives théoriques de l'autre sont beaucoup plus nombreux. En anthropologie, on peut aussi remarquer que l'antagonisme entre les interprétations symboliques et les contextualisations historiques, qui est resté manifeste dans les études mélanésiennes jusqu'à la fin des années 1980, a maintenant disparu : les travaux les plus riches mettent en rapport la cosmologie et le rituel avec les formes apocalyptiques locales du christianisme et les formes des cultures de rente ou d'extraction minière (cf. Foster 1995 : chapitre 1).

Si pour diverses raisons tous les livres sont difficiles à écrire, j'ai trouvé que celui-ci l'était parce que je ressentais le besoin de critiquer des idées largement discréditées mais qui semblaient pourtant étrangement vivantes. D'un côté, l'évolutionnisme paraissait démodé et lointain pour la plus grande partie de l'anthropologie contemporaine ; d'un autre côté, les métaphores évolutionnistes semblaient toujours parcourir de nombreux écrits, en particulier quand des comparaisons générales étaient effectuées. C'est toujours le cas aujourd'hui : une analyse récente des formes politiques mélanésiennes accomplie par un chercheur réputé dans ce domaine relève précisément de la logique du « de... à... » que j'ai mise en cause (Godelier 1992), alors qu'à un niveau plus général, les récits de progression via plusieurs états sociaux successifs sont repartis pour un nouveau bail dans la littérature sur la post-modernité et le post-colonialisme.

Parce que je cherchais à attirer l'attention sur des traits discrédités mais persistants de la rhétorique anthropologique, *Hors du temps* a inévitablement adopté une attitude critique à l'égard de travaux universitaires récents et a ainsi pris le risque de répéter l'un des aspects de la pratique intellectuelle qu'il décrit. Des écrivains de toutes sortes y compris les universitaires définissent la singularité et l'importance de leur travail non seulement par des affirmations positives mais aussi par la réification et le dénigrement du travail de leurs prédécesseurs. Dans le contexte universitaire, il en a été particulièrement ainsi lors de la formation des disciplines et des nouvelles spécialités et des moments de professionnalisation et de re-professionnalisation. La monographie australienne de Radcliffe-Brown, discutée dans le deuxième chapitre, donne un exemple de cette tendance à nier la recherche des prédécesseurs en vue de créer un nouvel espace d'écriture légitime. En étant pessimiste, on pourrait tenir l'anthropologie historique pour un autre de ces exercices d'invention de sous-disciplines.

Pourtant, on gagnerait peu à relativiser tous les projets universitaires. Le cas de Radcliffe-Brown est particulièrement significatif parce qu'aucune avancée substantielle effectuée dans son propre travail ethnographique ne lui permettait de fonder la fin de non-recevoir adressée à ses prédécesseurs. Dans d'autres cas, des gains significatifs sont faits et il en va certainement ainsi du projet que ce livre tentait de contextualiser et de consolider : même si de nouvelles compétences dans le traitement des archives sont exigées des anthropologues, mon but n'était pas de créer un nouveau champ avec ses critères d'admission et ses gardes-barrières mais plutôt de donner à tous les projets anthropologiques une dose de sophistication historique. Cela dit, l'idée que le savoir procède par négation a plusieurs conséquences pour les arguments développés dans *Hors du temps*. Dans le chapitre 6, mon but était de « sauver » les auteurs d'une anthropologie pré-professionnelle tels que les missionnaires et les voyageurs, et cet effort a pu laisser croire que j'avais dans l'idée que ces descriptions coloniales étaient, par principe, tout aussi bonnes (ou tout aussi mauvaises) que celles des anthropologues (professionnels). Et certainement Johannes Fabian, dans son généreux compte-rendu, a-t-il eu raison de rappeler que les aveuglements et les préjugés des missionnaires ne peuvent pas être oubliés (1991 : 60). Je ne peux qu'être d'accord avec la nécessité d'étendre les réserves qu'il avance et je me suis moi-même appuyé sur son travail dans mes analyses ultérieures du discours évangélique (p. ex. 1992a).

La meilleure reformulation de ma position consisterait à dire que *tous* les récits et les observations concernant d'autres peuples doivent être examinés avec soin. S'il est vrai que les descriptions anthropologiques sont très fréquemment plus perspicaces et moins remplies de préjugés que celles de leurs prédécesseurs, l'appartenance disciplinaire est un facteur trop général et trop grossier pour déterminer la qualité de textes particuliers. Raconter l'histoire de l'anthropologie au moyen d'une séquence débutant par les amateurs et passant par plusieurs phases de professionnalisation pourrait en vérité être tenu pour un autre discours évolutionniste du type de ceux que ce livre cherchait à rendre plus explicites.

Bien sûr, la suggestion que nous (les anthropologues) devons nous colleter de manière plus rigoureuse et plus systématique avec un ensemble de sources anciennes concernant les sociétés que nous étudions repose aussi sur d'autres arguments. Le point le plus important n'est pas de savoir si ces descriptions sont en elles-mêmes nécessairement « bonnes » ou « mauvaises », suffisantes ou insuffisantes, mais de reconnaître qu'elles recèlent des informations essentielles relatives aux formes culturelles et sociales passées et à la constitution historique des phénomènes dont l'ethnographe est le témoin, et qui ne peuvent tout simplement pas être obtenues par d'autres moyens. Dans le cas du Pacifique, les textes des marins, des colons et des missionnaires peuvent et doivent être lus à rebrousse-poil, d'une façon qui a été peut-être mise en œuvre le plus explicitement par Bronwen Douglas (p. ex. 1995) – d'ailleurs, la façon dont cela peut être fait de façon adéquate est explorée et illustrée jusqu'à un certain point dans la récente publication de Sahlins (1995).

Comme l'ont montré récemment Pels et Salemink (1994) l'anticolonialisme a rendu possible une nouvelle étape dans la professionnalisation de la discipline, par la création d'un type d'universitaires qui refusaient la contamination de l'engagement politique. De cet effort de professionnalisation témoignent non seulement la phase la plus récente de l'histoire de la discipline et la façon dont ce livre construit une anthropologie historique, mais plus manifestement encore la formation de la nouvelle discipline d'étude de la culture [« *cultural studies* »] qui prend acte de la contamination de l'anthropologie par l'engagement colonial et lui refuse la capacité de traiter de manière critique de l'objet qu'est la culture. Étant donné que les aspects problématiques de ce projet ont été débattus autant à l'intérieur qu'à l'extérieur de son champ (p. ex. Frow 1995), il n'est pas utile de rendre compte de ces débats ici ; pourtant, étant donné la perspective de ce livre, il vaut la peine de remarquer que l'« étude de la culture » représente une avancée sur l'anthropologie bien qu'elle reste focalisée sur des textes contemporains et bien que son intérêt pour la contextualisation historique soit négligeable.

Hors du temps a mis entre parenthèses la question de l'évaluation du caractère distinctif des constructions indigènes du temps et de l'histoire. Je l'ai fait délibérément, afin de faire ressortir d'autres ensembles de questions relatives pour une part à la constitution du savoir anthropologique et pour une part aux façons de décrire les changements sociaux à long terme, en particulier en Océanie. Mon intérêt pour ce dernier point provient d'une formation en archéologie ; même si je demeure persuadé que la théorisation de ces dynamiques à long terme doit continuer de définir une zone d'intérêt mutuel pour l'anthropologie et l'archéologie, ces questions ne sont de manière évidente aujourd'hui ni actuelles ni urgentes pour la plupart des anthropologues.

Dans une critique de ce livre, David Hanlon (1992 : 118-119) a remarqué très équitablement que je n'avais jamais abordé d'une manière concertée la question posée par l'ouvrage classique de E. H. Carr : *Qu'est-ce que l'histoire ?* (1961). Par ailleurs, Bradd Shore a critiqué le fait qu'alors que les anthropologues étaient mis en cause à différents titres dans *Hors du temps*, l'« histoire » était utilisée comme une catégorie non problématique (1992 : 123). J'ai beaucoup plus de sympathie pour la première réaction que pour la seconde. Le compte-rendu de Shore montre de manière claire qu'il n'a pas lu mon livre attentivement ou au moins qu'il ne l'a pas compris (pour une réponse détaillée, voir Thomas 1992b). Il est assez clair que je ne défendais pas l'englobement des interprétations anthropologiques par une sorte d'histoire-récit empirique et classique mais qu'il s'agissait plutôt d'une part de rendre compte des transformations sociales évacuées par toutes les métaphores temporelles et les téléologies de l'évolutionnisme et d'autre part de raffiner l'histoire structurale de Sahlins pour qu'elle traite de l'interaction des structures coloniales autant que des transformations des structures qu'il a identifiées avec un art achevé. Alors que dans cet ouvrage mes arguments sont pour la plupart polémiques et programmatiques, j'ai essayé de montrer comment ces perspectives théoriques peuvent être effectivement mises en œuvre par l'étude de cas singuliers dans un livre ultérieur, *Entangled objects* (Thomas 1991).

Pourtant, comme Hanlon l'a montré, cette absence ne rend pas justice aux façons indigènes de comprendre l'histoire et le temps. En particulier, mon livre aurait été plus riche s'il avait traité des idées polynésiennes relatives à la transformation sociale, idées qui peuvent être explorées, et ont été explorées, à travers le mythe (p. ex. Sissons 1989) ; ou si j'avais été capable de tenir compte des idées de Marilyn Strathern concernant les « premiers contacts » en Mélanésie. Strathern (1990) a essentiellement montré que l'arrivée des Blancs en Nouvelle-Guinée était plus proche de l'apparition d'une image dans un contexte cérémoniel que d'un « événement » comme nous (les « Occidentaux ») la comprenons. Bien qu'il s'agisse d'un argument spécifique aux modes de perception mélanésiens, il est capable de déstabiliser tout à la fois les thèses de Sahlins sur Cook et les miennes, dans la mesure où la capacité qu'ont ces contacts de constituer des « événements » susceptibles d'avoir des conséquences dans l'ordre de la culture indigène y est niée. Les commentaires désespérément courts de Strathern ne permettent hélas pas de rendre compte de façon détaillée de l'imaginaire historique (ou anhistorique) mélanésien, même si je remarque que Ballard (1992) a développé un argument plus complet sur le même modèle pour les Huli.

Quoiqu'il en soit, ces explorations des idées et des perceptions indigènes ne seraient pas satisfaisantes si elles produisaient seulement un ensemble de descriptions ethnographiques isolées. En ce cas, le relativisme anthropologique serait simplement étendu à une autre région : là où nous avons déjà une prolifération d'autres cultures, d'autres socialités et d'autres sexualités, nous aurions maintenant de nombreuses historicités. Il est important d'admettre la pluralité et la différence culturelle comme un moment de la recherche et de la compréhension mais notre travail ne s'arrête pas là. Nous devons nous souvenir que les peuples qui portent ces cultures et ces historicités différentes ne sont pas des groupes isolés les uns des autres. Nous ne les connaîtrions pas en tant que cas anthropologiques si leurs vies n'avaient pas été liées aux nôtres, quelle que soit la distance qui nous sépare.

Lier les « cultures » que les anthropologues étudient et la formation du savoir *via* les relations coloniales ne revient pas à faire l'hypothèse que ces cultures ou ce savoir sont structurés de l'extérieur par la dynamique historique du colonialisme. Cela ne revient pas à faire l'hypothèse que les perceptions locales et les différences culturelles ont été effacées et homogénéisées par un processus général, ni que ces significations locales ont nécessairement été définies par des relations coloniales. Dans certains cas il en fut ainsi mais il peut aussi être vrai, ailleurs, que des forces coloniales, fussent-elles oppressives, ne parvinrent pas à transformer ou à dominer de manière hégémonique les récits historiques et les façons de comprendre locales. Quand il en va ainsi, cela atteste d'un effet historique singulier plutôt que de l'absence d'histoire. Qu'il faille analyser la tension et l'interaction de l'histoire locale et de l'histoire coloniale dans des cas particuliers explique pourquoi, en principe, une histoire anthropologique devra traiter à la fois des dynamiques locales et de l'histoire du savoir anthropologique.

Annexes

Notes

Avant-propos

1. *Marquesan societies. Inequality and political transformation in Eastern Polynesia,* Oxford University Press, 1990.

Entangled object. Exchange, material culture and colonialism in the Pacific, Harvard University Press, 1991.

Introduction

1. Je voudrais également prévenir une confusion de moindre importance en indiquant que j'utilise le terme d'« histoire coloniale » dans un sens large, pour désigner l'histoire de toutes les sortes d'intrusions de pouvoirs métropolitains dans des territoires moins développés, plutôt qu'au sens beaucoup plus étroit de périodes de domination coloniale formelle. L'utilisation de ce sens restreint dans les travaux historiques conservateurs sous-entend souvent qu'il ne peut y avoir de domination informelle en l'absence d'une administration visible.

2. L'article de Lévi-Strauss a été publié pour la première fois en 1949. Voir Kuper (1973 : 162-164) pour une brève discussion de la signification de l'article d'Evans-Pritchard.

Chapitre 1

1. On peut remarquer que les comptes-rendus de travaux d'histoire ou d'anthropologie historique soulèvent très fréquemment la question de la pertinence de matériaux dont la source n'est pas anthropologique (tels que les écrits de missionnaires), en établissant des comparaisons désobligeantes entre ceux-ci et les observations ethnographiques (p. ex. Bloch 1987). Tout se passe comme s'il s'agissait d'une faiblesse générale qu'il suffit de relever, sans qu'il soit besoin de démontrer que les imperfections de ces sources

suscitent effectivement des erreurs dans la description ou l'analyse. Pourtant, dans les travaux anthropologiques aussi il y a invariablement des sources comparables de « biais », telles que la prépondérance des hommes âgés parmi les informateurs – mais ce point n'a été largement critiqué que dans le contexte de la critique féministe, alors qu'il n'est que rarement évoqué dans les comptes-rendus d'ouvrages.

2. Les articles d'Evans-Pritchard sur ce sujet (1962) ont établi un ensemble de thèses avec lesquelles je ne peux qu'être en accord, mais dont on peut difficilement dire qu'elles ont porté leurs fruits dans le contexte britannique. Un recueil sur l'histoire et l'anthropologie a été publié par l'*Association of Social Anthropologists* (Lewis (éd.) 1968) à partir de leur conférence de 1966. Les origines institutionnelles de ce volume nous permettent de le considérer comme relativement représentatif de la pensée de l'époque. Or ce qu'il faut remarquer dans ces essais, c'est qu'il n'y en a véritablement aucun qui ne progresse dans l'*intégration* des méthodes et des objets de l'histoire et de l'anthropologie. Les textes écrits par les historiens montrent simplement que certains concepts de l'anthropologie présentent un intérêt pour l'interprétation des sociétés d'autrefois. Certains des articles des anthropologues tendent vers une histoire conventionnelle (p. ex. Ardener), alors que d'autres instituent une espèce d'interaction entre les disciplines en renforçant la division entre leurs objets d'étude (Morton-Williams). Un texte sur l'Albanie cherche entre autres choses à dresser « un tableau de la structure sociale traditionnelle du pays » (Whittaker 1968 : 253), ce qui est bien la notion la moins historique qu'on soit susceptible de rencontrer.

3. Même un recueil récent et sophistiqué sur les chasseurs-collecteurs est ambigu sur ce point : « Les peuples de chasseurs-collecteurs ont joué un rôle important dans l'histoire de l'humanité. Ils représentent la condition originelle du genre humain, le système de production qui a prévalu pendant pratiquement quatre-vingt-dix-neuf pour cent de l'histoire humaine. Ayant dit cela, il est important de faire deux mises en garde. D'abord, les chasseurs-collecteurs contemporains ou d'un proche passé ne sont pas des fossiles vivants, leur histoire et leur distance par rapport aux aïeux de l'humanité sont aussi grandes que celles des autres groupes humains. Ils représentent une adaptation humaine fondamentale qui se dispense des accrétions et des complications apportées par

l'agriculture, l'urbanisation, l'État, une technologie avancée et les conflits de classes et de nations. Ensuite, les peuples de chasseurs-collecteurs ne constituent pas des isolats, ils vivent au XXe siècle et sont façonnés pour une part par ce contexte » (Leacock et Lee 1982 : 5).

La question qui se pose ici est de savoir si la reconnaissance des derniers facteurs a plus d'importance que les présuppositions fondamentales exprimées dans les deux premières phrases. Une thèse qui n'est mentionnée que plus tard (*ibid.* : 13), restreint la portée de ces propositions plus encore que les « mises en garde » : presque toutes les populations de chasseurs collecteurs en Afrique et en Asie, tout comme une bonne partie de celles qui sont installées ailleurs, ont vécu pendant des centaines d'années en contact direct ou indirect, et souvent en concurrence, avec d'autres populations pratiquant d'autres modes de production. Même si un certain nombre d'auteurs ont mis en rapport les caractéristiques de certaines de ces sociétés avec le fait de leur « encerclement », la conclusion évidente que de tels groupes ne sont en aucune manière représentatifs des chasseurs-collecteurs d'époques plus reculées pourrait être posée avec plus de force.

4. Les œuvres ethnographiques de Leenhardt (en particulier 1947) et d'autres travaux anthropologiques ont servi à l'élaboration en Nouvelle-Calédonie d'un manifeste du FLNKS (Front de Libération Nationale Kanak Socialiste) sur la « coutume mélanésienne » ou, comme diraient certains, Kanaké (Tjibaou et Missotte 1976).

Chapitre 2

1. Fortes prétendait en 1949 « qu'aucun universitaire vivant n'avait eu une influence aussi décisive sur l'évolution de l'anthropologie sociale » (1949a : ix ; pour des considérations plus développées, voir Fortes 1969). Un tel jugement n'aurait jamais été partagé par les anthropologues américains qui se qualifient eux-mêmes d'anthropologues « culturels » plutôt que « sociaux ». Mais le fait que le travail de Radcliffe-Brown a eu des effets sur la discipline aux États-Unis transparaît dans le nombre de contributions américaines au volume d'hommage à son travail édité par Fortes (cinq articles sur onze). Dans cette courte section, je ne cherche pas à rendre compte complètement de l'œuvre de Radcliffe-Brown, ni

même de ses premiers travaux. Pour une discussion plus complète, voir Kuper 1973 : chapitre 2 ; Evans-Pritchard 1981 : 200-202 ; Langham 1981 ; et, pour l'analyse la plus détaillée et la plus équilibrée historiquement, Stocking 1984.

2. Leach, par exemple, parla de lui comme d'un « imposteur » (1977 : 6).

3. Telle demeure l'idée dominante, mais, comme je l'expliquerai plus bas (chapitre 6), de nombreux missionnaires et d'autres auteurs ont en fait combiné une perspective ethnographique avec des enquêtes personnelles développées.

4. Langham (1981 : 245). L'analyse de Langham a été critiquée sur des points importants (Stocking 1984 : 135 n. ; Urry 1983), mais cette idée-ci n'a pas été remise en cause.

5. Cette question est pertinente du point de vue de la théorie contemporaine, parce que le développement des techniques archéologiques (et en particulier de la datation) depuis l'époque des formulations de Radcliffe-Brown permet maintenant de savoir certaines choses relatives aux processus et aux événements passés. C'est une autre question que de savoir si ce genre de connaissances peut être facilement intégré à la connaissance anthropologique des sociétés modernes ou récentes. Il est vrai aussi que la recommandation de Radcliffe-Brown suppose que tous les groupes étudiés par l'anthropologie sont semblables aux Andamans, en ce sens qu'on n'a pas de documentation écrite sur les événements antérieurs au contact avec les Européens – alors que de nombreuses sociétés étudiées par les anthropologues (p. ex. en Asie) possédaient des ensembles d'inscriptions et de textes, ou étaient mentionnées dans des productions écrites issues d'autres sociétés (la question du statut des traditions orales indigènes et de leur valeur pour la reconstruction historique n'est pas résolue). Bien sûr, des matériaux écrits tels que la littérature épique et les discours généalogiques pourraient être écartés parce qu'ils traitent rarement de ce que les Occidentaux reconnaissent comme étant de « l'histoire ». Mais cette difficulté devrait plutôt nous conduire à nous interroger sur nos catégories qu'à rejeter de telles sources de matériau.

Un autre point important dans ce contexte est la persistance de l'identification de l'histoire avec des schémas spéculatifs de telle ou telle sorte. Dans l'essai récent d'Augé sur *Symbole, fonction, histoire* dans la pensée anthropologique, le troisième terme est pratiquement identifiée à « évolution » ou à « évolution/diffusion »

(1979 : 23-29). Aucune référence n'est faite à une histoire événementielle, immédiate.

6. Une rare indication de l'importance de certains des effets du contact apparaît dans une note de bas de page dans laquelle Radcliffe-Brown reconnaît le mal qu'il a eu à obtenir des informations relatives aux idées liées à la sexualité : « les indigènes de Grand Andaman présentent à l'heure actuelle une pruderie inhabituelle dans leurs conversations et leurs affaires avec les hommes blancs, mais il y a de bonnes raisons de soupçonner que cela est dû à l'influence des administrateurs qui ont été responsables du foyer Andaman [une institution de charité et de surveillance] ces dernières années » (1922 : 321-322 n.).

7. Elkin a établi que le travail de R. H. Mathews a été injustement critiqué (1956 : 249-250 ; voir aussi Langham 1981 : 290-291). Il est assez drôle de voir Radcliffe-Brown s'interroger sur les informateurs des autres chercheurs, alors qu'il accomplit une partie de sa propre recherche avec des Aborigènes transportés de leur aire tribale dans des hôpitaux parce qu'ils souffraient de maladies vénériennes ; la plus grande partie de son matériau est issu de « communautés décimées par le contact avec la société blanche » (Langham 1981 : 265). L'importance de cette monographie australienne apparaît dans une phrase de Fortes : « selon moi, [...] l'ère moderne de l'étude de la parenté et de l'organisation sociale s'est fermement établie avec la publication de la monographie de Radcliffe-Brown de 1931 » (1969 : 42). Cela étant dit, il faut remarquer que la considération particulièrement élevée qu'éprouve Fortes pour le travail de Radcliffe-Brown se situe à une extrémité du spectre. Il faut aussi signaler que pendant longtemps s'est tenu un débat relatif aux allégations selon lesquelles il aurait plagié le travail de sa collaboratrice épisodique, Daisy Bates (Needham 1974 ; White 1981).

8. Je ne veux pas dire ici que Radcliffe-Brown avait une espèce de plan d'ensemble détaillé et conscient visant à évincer les auteurs ayant eu la malchance d'avoir essayé de faire des descriptions ethnographiques sérieuses avant lui, mais tel fut cependant l'effet de pratiques et de propositions telles que celles qui sont exprimées dans ce texte. Cette situation tient à la conjonction d'attitudes scientistes et du processus de professionnalisation ; les sympathies ou les antipathies personnelles d'auteurs tels que Radcliffe-Brown pour leurs prédécesseurs ne sont pas particulièrement importantes. Comme le montrent bien les études détaillées de Langham, de Stocking et

d'autres, la transition vers une discipline professionnelle a été plus confuse que ce que les anthropologues ultérieurs ont en général retenu, mais les interactions complexes entre professeurs, disciples, rivaux, institutions, etc. ne m'intéressent pas ici.

9. Il faut insister sur le fait que cette section n'est pas une discussion de la totalité du travail de Geertz mais cherche simplement à établir les caractéristiques les plus élémentaires que « l'anthropologie interprétative » partage avec la perspective de Radcliffe-Brown. Des parties substantielles du travail de Geertz (telles que l'analyse des changements de l'agriculture indonésienne) ne sauraient être subsumées sous l'étiquette d'« anthropologie interprétative » et de toute façon je ne pense pas qu'il utiliserait aujourd'hui les mêmes formulations. Cela dit, ses travaux les plus influents ont exprimé une position « interprétative ». Pour une discussion approfondie de son travail, voir Marcus et Fischer (1986 : *passim*), et pour une perspective plus critique, Austin (1979) ; voir aussi les réactions à cet article de Wagner, Sharrock, Barnes et autres, parues dans le même numéro de *Social Analysis*.

Pourtant, je voudrais ajouter que bien que le dernier livre de Geertz, *Negara* (1980), pourrait être qualifié de travail d'anthropologie historique, ce n'est vrai qu'au sens très limité où il s'appuie sur des sources historiques relatives à l'organisation politique balinaise du XIXe siècle. La perspective de Geertz consiste en fait à abstraire les éléments d'un idéal-type (l'État théâtral) et à montrer qu'il a perduré dans différents contextes historiques ; cette perspective apparaît dans de nombreux passages comme celui-ci : « la nature expressive de l'État balinais apparaît tout au long de son histoire connue » (1980 : 13) ; le « culte du roi sacré » est qualifié de « forme culturelle essentiellement constante » (*ibid.* : 125), etc. Ce livre traite de manière avouée d'une entité synchronique, plutôt que d'un objet parcouru de dynamiques sociales et historiques.

10. Cette insistance est en partie justifiée par le dogme selon lequel si on veut comprendre une science, il faut porter son attention non pas sur les théories ou les résultats mais « sur ce que font ceux qui la pratiquent » (1973 : 5). Cela est vrai, mais Geertz fait comme s'il ignorait le fait qu'une carrière typique d'anthropologue peut consister en quelques années de travail d'enquête de terrain et environ trente ou quarante ans consacrés à l'écriture et à l'enseignement – et aussi peut-être, à des activités de conseiller pour des films

ethnographiques ou pour des expositions de musée, à l'implication dans les politiques de « développement » ou la mise en œuvre de projets et à l'occasion à la prise de partie publique sur l'actualité dans des régions prétendument couvertes par son savoir d'expert et à des interventions juridiques au nom de peuples indigènes, etc. Ce que font les anthropologues ne peut pas être réduit à l'ethnographie. J'insiste particulièrement sur le fait que la pratique de lecture et d'interprétation de la littérature anthropologique en général – que ce soit pour l'enseignement, la synthèse, la comparaison ou le plaisir de l'esprit – est un aspect nécessaire et non pas contingent de la pratique anthropologique. La question de savoir comment l'information est dérivée des textes anthropologiques et utilisée par la suite a de ce fait une grande importance pour l'épistémologie de la discipline et c'est pourquoi je discuterai dans les chapitres 4 et 5 les effets de la description ethnographique des Marquises par Handy – et par la recherche muséographique en général – dans la synthèse analytique que propose Goldman du matériau polynésien.

11. Une telle formulation rend les recherches d'anthropologues portant sur leur propre société radicalement extérieures au concept de la discipline. Il est significatif que l'existence de telles recherches ne soit mentionnée que dans une note en bas de page (1973 : 14 n.).

Chapitre 3

1. Pour une vue d'ensemble sur les perceptions européennes du Pacifique au XVIIIe et au XIXe siècles, voir le texte justement célèbre de Smith : *La vision européenne du Pacifique Sud* (1960). Pour une présentation assez orthodoxe de l'histoire du Pacifique (puisqu'il n'y en a pas d'autre), voir Howe (1984). Et pour ce qui concerne le développement récent des recherches anthropologiques et archéologiques, voir Kirch (1984 : 1-13). Forster est discuté par Hoare (1976).

2. L'autre grande exception est le travail d'Hogbin sur Ontong Java (p. ex. 1931).

3. Un recueil récent (Stocking 1985) traite de l'anthropologie dans les musées mais pas particulièrement des projets de recherche ethnographique financés par les musées ni de la forme du discours ethnographique suscité par de tels travaux.

CHAPITRE 4

1. Le livre de Goldman est aussi célébré par Sherry Ortner qui s'appuie largement dessus dans son analyse des relations entre les sexes en Polynésie (1981), qui a paru dans une collection influente d'études symboliques portant sur la sexualité et les rapports entre les sexes. J'ai prouvé ailleurs (1986b) que les erreurs d'interprétation qu'elle commet dans son analyse dérivent pour une grande part de sa trop grande confiance en Goldman.

De toute évidence, la présente discussion ne vise pas à évaluer en détail la pertinence empirique du livre de Goldman. Mais dans la mesure où sa vue d'ensemble est correcte, il faut insister sur le fait que son absence d'expérience personnelle de recherche dans le Pacifique et son utilisation massive de matériaux de seconde main inadéquats le conduisent à de nombreuses erreurs mineures. Une erreur typique que quiconque d'un peu familier du Pacifique n'aurait pu faire est son utilisation des souvenirs du missionnaire Gunn (1914) dans la section portant sur Futuna (1970 : 334) : il est clair qu'il ne réalise pas que le Futuna de Gunn est une île tout à fait différente, une partie de ce qui est devenu le Vanuatu dans le Pacifique occidental et non pas l'endroit au nord-est de Fidji qui appartient au territoire français de Wallis et Futuna. Cambridge, Massachusetts n'est pas Cambridge, Angleterre. Quel que soit le critère d'évaluation, il ne s'agit nullement d'une simple négligence. Cela dit, il faut remarquer que ma critique générale du travail de Goldman repose sur une connaissance historique et une perspective qui n'existaient pas à l'époque où il écrivit son livre. Il a affirmé qu'il était terminé pour l'essentiel en 1966, l'année même de création du *Journal of Pacific History* et à peu près le moment où des informations détaillées et accessibles sur l'histoire du contact et sur l'impact du colonialisme commencèrent à apparaître. Depuis lors, les connaissances relatives aux sociétés de la Polynésie d'autrefois et aux documents consultables ont crû de manière très considérable. Aussi ne puis-je pas lui reprocher de ne pas avoir inclus des matériaux auxquels il ne pouvait pratiquement pas avoir accès à l'époque, mais je pense néanmoins que la prise en compte des réactions classiques à l'évolutionnisme et du type de questions qu'Evans-Pritchard avait soulevées dans son article « Anthropologie et histoire » (1962) aurait pu susciter un travail conceptuel plus approfondi.

2. Goldman débute par les Maoris de Nouvelle-Zélande qui fournissent l'exemple typique du système traditionnel. Manihiki et Rakahanga (considérées ensemble) ainsi que Tongareva (toutes îles situées dans les Îles Cook), qui sont examinées ensuite, ne sont pas conçues comme des développements ultérieurs mais comme des « exemples de la structure maorie adaptée aux conditions plus étroites des atolls » (1970 : 27). L'île de Pâques, les Marquises et Mangaia (dans les Îles Cook) sont des variantes du type ouvert ; une fois encore, l'ordre de présentation n'est pas supposé refléter un ordre évolutif. Pourtant, Mangareva, les Îles de la Société et Hawaii, « les trois sociétés stratifiées de la Polynésie orientale semblent constituer approximativement une séquence évolutive » (1970 : 27). En Polynésie occidentale, les sociétés de Samoa sont ouvertes, alors que Tonga « équivaut à Tahiti et à Hawaii en tant que société stratifiée » (1970 : 24). Les autres groupes de Polynésie occidentale sont considérées comme des variantes du « type Samoa-Tonga » et ne sont pas classés « dans un ordre d'évolution » (1970 : 27-28). Il y a ainsi une nette différence de méthode dans la présentation du matériau oriental et occidental ; je montrerai plus tard que cela n'est pas sans conséquence théorique.

Le choix de la Nouvelle-Zélande comme point de départ est étrange parce qu'il est probable qu'elle a été le *dernier* lieu d'implantation humaine en Polynésie (Kirch 1984 : 74-79), et de ce fait, on aurait sûrement pu s'attendre à ce que ses formes sociales exprimassent des évolutions tardives et singulières (en particulier parce que les deux grandes îles contrastent du point de vue géographique et écologique avec le reste de la Polynésie sous tous les aspects significatifs). Il ne saurait y avoir de justification préalable à l'idée que les trois cas des Îles Cook sont des adaptations *de* ce modèle ; si un groupe de sociétés doit être vu comme forme d'adaptation locale d'un autre – et ce n'est pas la seule stratégie d'explication possible – il serait plus plausible de considérer le cas périphérique, d'implantation plus récente, comme logiquement subordonné à l'aire centrale.

3. Dans l'analyse même, Goldman passe de la répudiation partielle de ce type de logique à son emploi légèrement voilé. Ainsi, dans le chapitre sur les Marquises, il écrit :

« La divergence de ce modèle d'organisation par rapport aux Maoris ne tient qu'à certains accents spécifiques mis sur des points différents. Ainsi, même si nous n'avons pas la certitude que la société ouverte des Marquises constitue réellement un développement historique de la société traditionnelle maorie, il y a de bonnes raisons pour regarder le système des Marquises comme une variante structurale d'un type similaire à celui des Maoris » (1970 : 133).

À un niveau plus particulier, de nombreux traits distinctifs des systèmes des Marquises et de Manahiki/Rakahanga (par exemple) sont discutés en termes de similarité ou de variation par rapport aux formes maories (1970 : 58-64 *passim* ; 132, 146, 148).

4. Le chapitre de l'ouvrage de Lewis auquel je me réfère a d'abord été publié dans *Man* en 1966.

5. Les descriptions de onze des dix-huit « sociétés » étudiées reposent exclusivement ou presque sur les publications du Bishop Museum (qui ont une forme standardisée et reposent principalement sur les recherches de l'équipe du musée). Dans cinq autres cas, la documentation du Bishop Museum ou d'autres travaux de Peter Buck ou d'E. S. C. Handy (qui appartenaient au musée) sont significatifs. L'approche de Buck doit être considérée comme particulièrement importante, dans la mesure où ses travaux constituent une source majeure, si ce n'est la source unique, pour pas moins de cinq des sociétés. Les articles de Ian Hogbin et les travaux plus importants de Firth ont constitué la base des discussions de Goldman sur la Polynésie extérieure, respectivement à Ontong Java et à Tikopia. Ce n'est que dans ces deux cas que les sources reflètent la tradition structuro-fonctionnaliste britannique plutôt qu'une anthropologie de musée fondamentalement américaine, pré-fonctionnaliste et foncièrement empiriste.

Il n'est pas surprenant que les groupes polynésiens qui n'ont pas été étudiés par Goldman soient précisément ceux pour lesquels il n'y a pas eu de publication du Bishop Museum. En dépit du fait que Rarotonga avait la population la plus importante des Îles Cook et était devenue le lieu dominant de l'archipel, ce cas n'est pas abordé alors même que la culture rarotongienne était bien connue à travers les publications du missionnaire Gill (p. ex. 1876a, 1876b, 1916) et de nombreux autres auteurs (voir Gilson 1980). Tuvalu (autrefois les Îles Ellice) est le seul groupe qui n'ait jamais été visité par une expédition du Bishop Museum ; les bulletins ethnographiques sur Rapa et Ruturu dans les Îles australes furent préparés (Stokes s.d. ; Seabrook s.d.), mais jamais publiés. Bien que des enquêtes furent conduites aux Tuamotu et que des comptes-rendus archéologiques et des traductions de mythes furent produits, aucune description ethnographique générale ne fut jamais réalisée (cf. Buck 1945 : 85). De ce fait Tuvalu, les Australes et les Tuamotu ne figurent pas dans l'analyse de Goldman. Il faut aussi remarquer que l'ampleur avec laquelle Goldman traite des variations internes aux différents groupes reflète la forme de la documentation du Bishop Museum. Les Îles de la Société sont traitées comme une entité monoculturelle, comme dans les publications du Museum. Pour des raisons accidentelles, les Cook ne furent jamais visitées par une grande expédition : elles furent étudiées par Buck au cours de plusieurs courts voyages qui donnèrent lieu à plusieurs bulletins sur différentes îles. Ainsi Tongareva et Manihiki/Rakahanga (au nord des Cook) sont traitées séparément, alors que les îles plus vastes de Raiatea, Taha'a et Huahine sont réunies en bloc avec Tahiti au sein de l'archipel de la Société. Pourtant, comme Gunson l'a remarqué, les preuves de la variation sociale y sont « trop importantes pour être ignorées » (1982 : 68).

De même, le travail de Sahlins de 1958 repose très largement sur les bulletins du Bishop Museum et ne prête aucune attention aux régions (autres que Tikopia et Ontong Java) qui n'étaient pas « couvertes » par les bulletins ethnographiques. Fondamentalement, on peut relever les mêmes erreurs d'interprétation que je suis en train d'identifier dans le livre de Goldman dans le travail de Sahlins, et dans certains cas elles sont exacerbées par l'usage de sources encore moins fiables, telles que la synthèse postérieure de Linton sur les données relatives aux Îles Marquises (1939), qui est grevée d'erreurs empiriques à la fois mineures et de grande conséquence, d'exagérations, de fausses interprétations, etc. (voir Dening 1980 ; Thomas 1989).

Pour une discussion plus avancée du contexte et des prémisses des enquêtes du Bishop Museum, voir l'analyse de Borofsky (1987 : 45-50) du travail de E. et P. Beaglehole sur Pukapuka (1938).

6. Le lancement de cet audacieux projet pan-polynésien tient beaucoup à Herbert Gregory, un vigoureux et entreprenant géologue de Yale qui devint directeur intérimaire du Museum en 1919 avant d'en devenir directeur jusqu'en 1936, date à laquelle Peter Buck (qui se désignait le plus souvent lui-même sous son nom maori, Te Rangi Hiroa) prit sa succession. Gregory développa activement les relations avec Yale, qui finança de nombreuses bourses et il fut aussi apparemment efficace dans l'obtention à grande échelle de fonds philanthropiques pour de nombreuses expéditions. Le premier

Congrès Scientifique du Pacifique eut lieu à Hawaii en 1920 et semble avoir alimenté les entreprises ethnographiques du Bishop Museum. « Les grandes lignes du domaine et des méthodes qu'il fallait employer en Polynésie furent énoncées » : la recherche devait être menée « sous les rubriques de la culture matérielle et de l'art, de la mythologie et de la religion, de l'organisation sociale, du langage, de la musique et de la recherche historique » (Buck 1945 : 44). Un guide pour les enquêteurs de terrain fut conçu sur le modèle des *Notes and Queries in Anthropology* britanniques.

7. Cette idée n'est nullement chose du passé : « Mon centre d'intérêt sera la petite île de Santa Catalina [...] où la culture précoloniale a été le mieux préservée » (Davenport 1986 : 95) – un exemple choisi au hasard.

8. Comme je le montrerai plus loin, les auteurs du Bishop Museum ont souvent dénigré les missionnaires en général tout en s'appuyant sur leurs écrits – quoi que d'une manière inconsistante et irréfléchie (cf. le chapitre suivant). Une étrange caractéristique de la façon dont ils utilisent de telles sources est que tous les documents effectivement rencontrés dans l'archipel où le travail était mené étaient pris en compte et souvent incorporés dans la publication (habituellement avec seulement des remerciements partiels), mais jamais aucun effort n'était fait pour découvrir ailleurs des manuscrits pertinents écrits par des missionnaires ou qui que ce soit d'autre. Les manuscrits concernant les Marquises, Tahiti et de nombreux autres groupes qui se trouvaient en fait dans les archives missionnaires à Honolulu à proximité du Museum n'ont jamais été examinés et bien sûr il n'y eut jamais de voyages spéciaux pour les États-Unis ou pour l'Europe. La méthode de recherche était l'ethnographie, même si la plus grande part des informations recueillies sur le terrain étaient dérivées de souvenirs ou de matériaux écrits plutôt que d'observations.

9. Cette attitude est soulignée par un commentaire de E. S. C Handy sur *Les systèmes sociaux et politiques de Polynésie centrale* (1924), un travail détaillé de Williamson fondé sur une enquête de bibliothèque. Handy déplore que Williamson n'ait pas eu connaissance des recherches du Museum dans cette région (qui ne débutèrent en fait qu'en 1920) et affirme que « l'information complète et authentique » qui en est issue « relègue automatiquement les sources littéraires dans une position secondaire et rend inutile le laborieux processus de critique et de déduction avec lequel [Williamson] a rempli trois volumes » (Handy 1930 : 4 n. 2).

L'affirmation selon laquelle le travail en bibliothèque est essentiellement redondant aurait quelque plausibilité si la recherche ethnographique moderne avait effectivement produit une image satisfaisante et complexe des cultures « traditionnelles ». Ce fut certainement le cas dans quelques situations : il faut reconnaître que les observations du voyage des années 1820 de Dumont d'Urville ajoutent peu de choses à la description incomparablement plus riche que propose Firth de la société de Tikopia. Mais la situation est bien différente, si ce n'est opposée, pour de nombreuses îles et archipels couverts par les recherches du Bishop Museum. Pour certains lieux comme Tahiti, un immense ensemble de descriptions anciennes existe alors que la complexité de l'histoire coloniale et de la présence des missions rend les résultats d'une enquête de terrain menée dans les années Vingt ou Trente minces et problématiques : le texte de Handy sur les Îles de la Société est l'une des publications les moins denses du Museum. Alors même que l'idée que la description ethnographique des sauvages rendait inutiles les sources littéraires est ainsi intenable, il faut aussi interroger la prémisse centrale : comme je le montrerai de manière plus détaillée plus loin, il faut abandonner le principe même de la comparaison à moins de supposer que les descriptions d'un lieu en 1820 et en 1940 ou en 1980 sont suffisamment semblables pour pouvoir être substituées l'une à l'autre. Tout se passe comme si on pouvait se passer des descriptions pauvres d'une période donnée et s'appuyer exclusivement sur des comptes-rendus plus tardifs.

10. Le corrélat de cette familiarité première avec des groupes culturellement proches a pourtant été que la connaissance d'autres lieux – et en particulier le sens aigu de « ce à quoi ressemblait la Polynésie » – aida à compléter la description, en l'infléchissant vers un type ou un sous-type polynésien. Le matériau recueilli aux Îles de la Société semble avoir grandement influencé la description de Mangareva, de Tupuai et des Tuamotu, par exemple. Goldman lui-même soupçonna ce phénomène dans la description que fait Buck de Tongareva, dont il suggère qu'il « décrit des formes traditionnelles peut-être plus rigides qu'elles n'étaient » (1970 : 70).

11. Cette comparaison peut paraître crue et outrée, mais l'examen le plus superficiel des publications sur Tonga révèle que l'influence de l'élite et en particulier de l'ancienne reine Salote sur les travaux universitaires a été si considérable que de nombreux travaux ont pratiquement le caractère de publications officielles

(p. ex. Rutherford 1977). Le problème du contrôle des travaux universitaires par les chefs dans les études polynésiennes ne se réduit certainement pas aux travaux du Bishop Museum.

CHAPITRE 5

1. Les Marquises sont un groupe de six îles situées à quelque mille deux cents kilomètres au nord-est de Tahiti. Avant la période des premiers contacts (*circa* 1790-1820), la population était d'environ 35 000 habitants mais elle chuta rapidement en raison des maladies et se situa à partir des années 1880 à 5 000 personnes ou moins. Le mode de subsistance traditionnel reposait sur l'agriculture (taros, ignames et plus particulièrement arbres à pain) et la pêche. Topographiquement, il y avait des séparations nettes entre vallées dont les habitants – entre quelques centaines et un millier – constituaient les groupes sociaux pertinents. À l'époque de l'enquête d'Handy, la dépopulation catastrophique et l'influence de l'administration et de la mission catholique avaient eu des effets très marqués, même si l'implication des habitants dans les productions de rente et l'économie de marché resta longtemps très limitée.

La critique que je développe ici est fondée sur des travaux beaucoup plus détaillés. Plutôt que d'encombrer le texte avec de trop fréquentes citations, je me contente de renvoyer les lecteurs que cela intéresse à mon travail sur cet archipel (Thomas 1990) pour plus de détails et de références.

2. La description a été renforcée par l'usage que fait Handy de certains exercices antérieurs d'ethnographie sauvage – les notes de Pierre Chaulet et de René Dordillon dans les archives de la mission catholique de Taiohae. Celles-ci, en particulier les grands exposés manuscrits de Chaulet, décrivent un grand nombre de coutumes, de rites et de croyances et contiennent des récits légendaires et des listes de choses telles que les divinités associées à des lieux ou à des activités particulières. Chaulet est arrivé aux Marquises en 1852 et, si l'on en juge d'après ses lettres, montra un intérêt pour l'ethnographie dès son arrivée. Ses informateurs étaient surtout des prêtres indigènes (*tuhuna o'ono* et *tau'a*) de Nukuhiva, mais Chaulet obtint également des matériaux d'informateurs d'autres parties de l'archipel ; il indique parfois qu'un rite (par exemple) était spécifique à une île ou à une localité. Même si Handy cite certains passages, ou

s'y réfère, il est clair que sa dette à l'égard de ces manuscrits est bien plus large que ces références ponctuelles. Bien que de nombreuses sources missionnaires de moindre importance furent ignorées et que les meilleures d'entre elles furent utilisées de manière erratique et indisciplinée, la description d'Handy n'en bénéficia pas moins considérablement d'un large processus d'enquête et d'observation attentive aux faits linguistiques qui eut lieu entre soixante-dix et quarante ans avant sa propre enquête.

3. Ces désignations sont porteuses de connotations idéologiques, fussent-elles utilisées vaguement. Pour la discussion du parallèle très influent de Sahlins entre d'un côté les chefs polynésiens et les seigneurs féodaux, et de l'autre les big-men mélanésiens et les entrepreneurs capitalistes, voir Jolly (1987).

4. Les manifestations extérieures de déférence et de respect auraient pu être perçues si les observateurs avaient été plus attentifs à ces contextes particuliers : « Chaque chef semble avoir un pouvoir considérable *sur ses propres personnes à charge*, d'une certaine manière » (Darling 1834-1835 : 10 avril 1835 ; c'est moi qui souligne). Qu'il y eut un certain degré de contrôle apparaît aussi dans les capacités de certains chefs tels que Keoenui (sur l'île de Tahuata dans les années 1830) à écarter certains individus du service des missionnaires s'il s'estimait offensé par la mission d'une manière ou d'une autre ou quand il s'en détachait.

5. On peut noter ici qu'une stratégie largement répandue dans le débat anthropologique contemporain consiste à identifier une caractéristique particulière d'une vision antérieure comme « ethnocentrique » et à reprendre l'interprétation en suivant des lignes théoriques différentes. C'est une pratique malhonnête dans la mesure où elle utilise le fait qu'il est légitime de « lutter contre les préjugés » pour dissimuler des différences théoriques. Le fait qu'un certain type d'« ethnocentrisme » soit un trait nécessaire et inévitable de toute espèce de discours n'est pas pris en compte ; certains aspects d'une culture vont évidemment rester hors du champ de l'examen alors que d'autres sont transposés à l'autre culture et utilisés pour dynamiser une argumentation. L'accusation d'ethnocentrisme est ainsi toujours un argument portant sur ce qui devrait être l'objet du débat plutôt qu'une critique sérieuse des propriétés de l'analyse.

6. La mission catholique a parfois organisé des « élections » auxquelles les candidats soutenus par les missionnaires étaient élus à

l'unanimité (Acar, *Journal* : 25 août 1895). Thomas Lawson, un habitant anglais de 'Ua Huka qui s'occupait principalement d'approvisionner les bateaux chercha à voir un homme, Teikimoetina, présenté comme le chef suprême de l'île, afin de garantir la loi et l'ordre (Lawson à Gulick, janvier 1868). Robert Louis Stevenson, qui visita les Marquises en 1888 rencontra un homme qui était *kikino* (de statut servile), mais qui semblait néanmoins être le chef de la vallée de Taipi (1900 : 44-46).

7. Les Marquisiens distinguaient en fait l'ère du peuple indigène et « le temps des étrangers » (*te tai hao'e*). Il y a sans doute eu des catégories plus précises liées à certaines phases du XIXe siècle, mais on n'a pas de documentation à ce sujet, et elles seraient de toute façon inutilisables pour satisfaire le désir de l'ethnologue de distinguer ce qui relevait authentiquement de la période antérieure au contact. Dans les années 1820, cette période était véritablement très ancienne, en particulier si l'on tient compte des changements ayant eu lieu et du fait que la plupart des prêtres, qui étaient les dépositaires traditionnels des traditions et des savoirs spécialisés, étaient morts un peu auparavant.

8. Une certaine idéalisation peut être la source des écarts entre la description que propose Handy de la chefferie et des relations foncières et l'image qu'on peut tirer de la lecture des sources anciennes. Il accentue notamment la similitude entre la tribu et une famille et affirme que le chef était une figure paternelle bienveillante qui possédait la terre, comme le maître de maison contrôle les ressources de la famille (1923 : 35, 42, 43, 53, 57-58). Il remarqua que bien que le modèle général « fut plus ou moins communiste », il semblait y avoir dans certaines parties de l'archipel une tendance au « féodalisme, dans lequel le chef distribuait des parcelles de terre à des familles restreintes et recevait en contrepartie une partie du produit et leur assistance dans la guerre ou dans des grands travaux » (*ibid.* : 57).

9. Edward Robarts, par exemple, a écrit « qu'aucun chef ne peut obtenir un tribut par la force de quiconque si ce n'est de ceux qui résident sur sa propre propriété privée » ([1974] : 266). Plus tard, le missionnaire Chaulet insista aussi sur le fait qu'il n'y avait pas de propriété liée en général à la chefferie :

« J'ai quelquefois ouï dire par des étrangers qui veulent parler des Marquises sans en connaître les usages que le chef est le maître de sa vallée et qu'il peut en disposer comme il veut. C'est une erreur, j'ai toujours ouï dire le contraire par les canaques ; j'ai toujours vu le contraire, c'est tout naturel, c'est conforme à la justice qui dit : personne ne peut donner ce qui ne lui appartient point ; un chef qui agirait autrement se serait certainement jadis attiré une guerre » (Chaulet, AMS : 48-49).

Dans la mesure où des propositions contraires existent aussi, ce sujet peut sembler désespérément confus – à moins qu'on ne consulte les données relatives à ce que les chefs et les autres individus faisaient effectivement avec la terre dans les premières années de contact et de description. Ce n'est pas le lieu de rentrer dans le détail de ce qu'on peut déduire des descriptions missionnaires et du récit de Robarts, mais il apparaît que certains chefs, hommes ou femmes, possédaient des terrains considérables et aussi que certaines personnes qui n'avaient pas le statut de chefs détenaient des propriétés considérables ; certaines contrôlaient également des pirogues et des zones de pêche en même temps que la terre. Dans certains cas il est clair que ces *'akatia* ou « personnes de la propriété » possédaient des terres dont ils avaient personnellement exproprié les anciens propriétaires.

Il faut remarquer ici que dans l'ouvrage évolutionniste de Sahlins (1958), l'utilisation de sources peu fiables du Bishop Museum lui a permis de mettre en rapport des cas distincts comme la société marquisienne – où les chefs n'avaient pas de rôle central dans la redistribution du surplus de production – avec son stéréotype global de la chefferie comme système redistributif. Une analyse plus fine des anciennes descriptions détaillées des sociétés polynésiennes fait apparaître clairement que de nombreuses sociétés dans lesquelles les chefs étaient influents n'étaient pas des « chefferies » en ce sens.

10. Cela renvoie à la question cruciale des *regalia* : les ceintures étaient à la souveraineté ce que les alliances sont au mariage.

11. La « transmission héréditaire » du pouvoir dans la société de Rapanui est pratiquement reconnue dans l'article plus ancien de Goldman (1955), mais disparaît ou est très euphémisée dans son livre en raison de son incompatibilité avec l'argumentation générale.

12. L'ampleur de cette perte d'influence de la chefferie apparaît aussi de manière manifeste dans les contextes variables du sacrifice humain dans les différentes îles. La pratique du sacrifice en général naît de la nécessité de gérer ou d'incorporer certaines formes de pouvoir divin. Un sacrifice crée de la complétude dans la relation entre les hommes et un dieu là où il y avait précédemment un manque –

suscité par quelque faute ou transgression ou simplement par le caractère inachevé des rites propitiatoires qui doivent être périodiquement renouvelés. De nombreuses activités telles que la pêche doivent être précédées de quelque sacrifice mineur, exécutées par ou sous la conduite de celui qui entreprend l'activité en question. Le contrôle de ces sacrifices mineurs et quotidiens n'a en général pas grande conséquence politique, puisque leurs objectifs ne concernent généralement qu'une personne ou qu'un petit groupe. Par opposition, le sacrifice humain n'a jamais lieu qu'en rapport avec des sujets d'une importance fondamentale et générale, qui reflètent les conditions de l'existence de la société comme un tout. Dans un système encadré par la royauté, les crises dans la vie des souverains sont des occasions de sacrifice puisque, comme le remarque Valeri, l'existence de la société dépend de la vie du personnage royal : « dans ces rites, la société n'est pas distincte de la personne du roi qui la symbolise » (1985 : 49-50). À Tahiti, les occasions principales de sacrifices humains semblent avoir été la naissance et l'intronisation des chefs suprêmes ou *ari'i rahi* ; en ces circonstances, tous les chefs de district menaient une ou deux victimes au *marae* de 'Oro, dont les yeux étaient sortis de leurs orbites et offerts au roi ([Haweis] 1798 : 111 ; Turnbull 1813 : 381). Le caractère unificateur de la souveraineté n'était pas seulement apparent dans ce rituel, il était aussi testé et créé à travers lui, puisque les districts pouvaient fournir ou non des victimes. Cette question était relativement centrale dans les luttes politiques et les nouvelles configurations qui émergèrent à Tahiti au début du XIXe siècle. Il s'agissait essentiellement de savoir si l'île dans son ensemble reconnaîtrait ou non l'autorité et la légitimité de la lignée de Pomaré, issue des districts de Pare-Arue. Le *marae* de 'Oro était en fait sur le territoire de Atehuru et dans la mesure où les habitants de ce district considéraient Pomaré II comme un usurpateur, ils refusaient que la cérémonie de « couronnement » ait lieu. Ce n'est qu'après que Pomaré eut soumis les districts de Atehuru en 1802 que les cérémonies et les sacrifices furent accomplis. La relation intime entre la grande chefferie et le sacrifice est illustrée par les réponses qui furent données à la suggestion que firent les mutins du *Bounty* d'arrêter de telles pratiques :

« Nous avons souvent essayé, en vain, de convaincre les chefs d'abandonner leurs coutumes barbares, mais ils nous répondaient toujours : "si nous acceptons, il n'y aura plus de chefs" » (Morrison 1935 : 207).

Aussi n'est-il pas surprenant qu'à Rapanui le sacrifice humain n'ait rien eu à voir avec le *ariki mau* et qu'il fut plutôt lié au dieu Makemake, qui était étroitement associé au culte de l'homme-oiseau. Les demandes de victimes humaines étaient exprimées par Makemake à travers un chaman (ou *ivi atua*). L'analyse du sacrifice aux Marquises est encore compliquée par les contradictions entre descriptions mais il semble que certains chamans qui avaient acquis le statut de dieux vivants (*atua*) devenaient les récipiendaires du sacrifice et consommaient la victime, ou une partie de la victime, dans une transe. Quand il n'y avait pas d'*atua* vivant, le sacrifice était dirigé conjointement par les autres prêtres, chamans y compris. Les sources laissent entendre en général que la plus grande partie du corps n'était pas mangée mais laissée sur le *me'ae* pour le dieu. Les grandes quantités d'os humains carbonisés et brisés dans certains gisements archéologiques indiquent pourtant que les corps étaient au moins quelquefois cuits et consommés. Voici un exemple dans lequel la preuve archéologique est claire sur un point qui reste obscur dans les sources historiques et ethnographiques.

13. On dispose d'indices du fait que les mêmes processus se déroulaient sur l'île de Pâques (Routledge, *Ethnology*, I : 52 ; *Notes*, IV : 41 n.)

CHAPITRE 6

1. Une manifestation récente et typique de ce consensus peut être trouvée dans un texte général sur l'initiation (La Fontaine 1985). Les faiblesses des écrits de Frazer sont rapportées à ses sources, dont on suppose qu'elles étaient typiquement fournies par « des missionnaires qui considéraient [les gens qu'ils décrivaient] comme des païens plongés dans les ténèbres ou bien [...] comme des survivants innocents de l'Âge d'Or » (1985 : 21). Mais comme Leach (1961) l'a montré, la faute principale qu'on peut détecter dans l'utilisation que fait Frazer des données est qu'il citait de façon erronée et déformait ses sources qui étaient souvent suffisamment valables en tant que descriptions.

2. C'était du moins la vision générale de la London Missionary Society (LMS). Bien sûr les approches des catholiques et des protestants et des différents ordres et confessions étaient variables.

3. Sur la signification de la « méthode » dans la pratique coloniale, voir Fabian (1990).

4. De telles préfaces personnelles évoquent souvent les erreurs et les embarras des premiers jours de l'enquête de terrain – ce qui revient de manière indirecte à affirmer la compétence de l'ethnographe, puisque de tels problèmes sont toujours présentés comme ayant été surmontés par une perspicacité et une compréhension acquises ultérieurement.

5. David Darling affirme par exemple à un moment donné que le système du « tabou » était relativement arbitraire, que les interdictions étaient « tout simplement ce qu'ils voulaient qu'elles soient » ; mais ailleurs il essaye de spécifier et de systématiser les principes qui constituaient la source du *tapu*, tels que la hiérarchie, l'association aux divinités, etc. (Darling, 1834-1835 : 6 mai 1836 ; à comparer avec le paragraphe « Tapu » dans les « Remarques » annexées au journal).

6. Cet essai semble avoir été écrit par le brillant intellectuel de la LMS Greetheed à partir des observations de William Pasco Crook et des informations fournies par Temoteitei, un jeune Marquisien qui avait été ramené en Angleterre.

7. Le récit du voyage du *Duff* est aussi approximativement divisé de cette manière et il y est spécifiquement remarqué qu'il y a une certaine complémentarité entre ces deux types de discours : « une lecture préalable des dissertations [sur "l'état civil et naturel de Otaheite"] sera cependant nécessaire à ceux de nos lecteurs qui souhaitent garder à l'esprit la situation et les coutumes établies des indigènes pendant qu'ils prennent connaissance de l'histoire » (Wilson 1799 : vi). Une certaine incertitude ou une certaine ambiguïté sur ce qui était le plus important apparaît peut-être dans le fait que le soi-disant « Discours préliminaire » est dans certaines éditions en début de volume et dans d'autres à la fin.

8. Une caractéristique spécifique de la recherche moderne est qu'elle n'a pas d'autre but que la collecte d'informations. Mais (tout comme pour les recensements) cela ne saurait vouloir dire que les données qu'elle produit ne sont pas problématiques, ou ne sont pas issues d'un projet singulier, ou ne sont pas compliquées par les difficultés que les informateurs pouvaient avoir du fait, par exemple, de parler à des administrateurs coloniaux. Toutes ces questions sont liées à la façon particulière dont l'ethnographe est perçu, qui est, bien sûr, variable.

9. La « race » et la « nation » sont des notions qui semblent avoir été utilisées de façon pratiquement interchangeable à cette époque,

ce qui témoigne bien du fait qu'elles combinent des caractéristiques physiques et mentales.

10. Cf. l'étude classique de Smith : *La vision européenne du Pacifique Sud* (1960). Voir aussi Dening (1986) sur le succès extraordinaire du pantomime *Omai*, qui reposait sur un matériau tahitien.

11. Smith (1960). Ces idées demeurent présentes aujourd'hui dans la littérature populaire et les publicités sur les Mers du Sud. Hawaii est présenté comme le pays de l'*aloha* (l'amour), notion qui est en générale mal comprise, comme l'a remarqué Sahlins (1985a : 3), puisque ce terme renvoyait autrefois plus à l'affection et à la compassion entre parents qu'à la passion sexuelle.

12. Cette homogénéisation qui confond différentes époques ne produit évidemment pas les mêmes effets que l'exercice autrement plus productif qui consiste à essayer de démontrer que les caractéristiques fondamentales de la culture fidjienne ont perduré dans le temps et se sont manifestées en plusieurs circonstances : un tel essai chercherait à faire apparaître plutôt qu'à effacer les variations contextuelles dans le temps.

CHAPITRE 7

1. Cette question est également abordée dans une récente reconsidération de la signification des données polynésiennes pour une analyse évolutionniste (Kirch et Green 1987). Les auteurs mettent l'accent sur la nécessité d'intégrer une grande variété de processus historiques et adaptatifs dans un modèle évolutionniste général et rompent clairement avec les théories qui insistent sur les processus unilinéaires ou sur la notion d'« étapes ». Même si dans son insistance sur l'importance de l'histoire cette analyse constitue une avancée significative par rapport à un certain nombre de positions en anthropologie (p. ex. Dunnell 1980), l'accent que les auteurs mettent sur des mécanismes dérivés directement de l'évolution biologique, comme la pression sélective et l'adaptation, est problématique. On ne voit pas clairement s'il s'agit d'une façon métaphorique de discuter certains processus ou si ce type de logique systématique est véritablement imputé aux systèmes décrits. L'apparente confiance accordée à la notion d'adaptation est particulièrement problématique dans la mesure où la dépendance de cette idée par rapport à une vision fonctionnaliste discréditée des systèmes sociaux et écologiques a été bien établie. Sur

ce point, voir en particulier l'étude d'Ingold sur l'économie du renne (1980) qui présente à la fois les limitations théoriques des paradigmes évolutionnistes-écologiques et leur incapacité à rendre compte de la détermination sociale et de la fragilité des systèmes dont il traite face aux crises. Une autre difficulté tient à la confiance partielle qu'ils accordent au *continuum* stratifié-non stratifié dans la description et la différenciation des systèmes polynésiens : Tonga et Hawaii sont supposées montrer des évolutions « convergentes », parce qu'elles ont développé indépendamment « une véritable stratification en classes » (Kirch et Green 1987 : 443) ; ce qui revient à ignorer complètement la nature fondamentalement distincte de ces modes de reproduction sociale – dans le premier cas, mais pas dans l'autre, le commerce extérieur était clairement central. La tendance de cet article, et plus généralement des écrits « évolutionnistes » en archéologie, a été de survoler globalement ou tout au moins de minorer l'importance des processus sociaux, au profit d'une analyse qui impute des mécanismes systématiques en des termes qui paraissent scientifiques mais qui sont en fait totalement détachés des événements véritables et des processus ayant eu lieu dans l'histoire des groupes considérés.

2. La distinction des pouvoirs religieux et séculier est une caractéristique de la société tongienne cohérente avec le modèle des biens prestigieux que propose Friedman. C'est un aspect du modèle général de « dualisme » sur lequel insiste Friedman et qui est représenté de manière inégale dans la région. Dans l'organisation politique fidjienne de Bau, par exemple, il y avait un chef sacré (le Roko Tui Bau) et un chef de guerre (le Vunivalu). À Tonga, il y avait en fait une division fonctionnelle entre deux souverains exécutifs, le Tui Ha'atakalaua et le Tui Kanukupolu (bien que ce dernier titre ait cessé d'être employé avant le contact), et un chef sacré de plus haut rang, le Tui Tonga. Le problème qui se pose pour l'argumentation de Friedman est que les traditions orales tongiennes qui décrivent la mise en place de ces titres insistent sur leur nouveauté dans une chronologie généalogique précise (Gifford 1924). On pourrait dire que l'histoire officielle de la royauté a inventé l'existence antérieure d'une chefferie unitaire occupant toutes les fonctions, mais une telle affirmation ne deviendrait plausible que si elle était étayée par des arguments spécifiques montrant par exemple pourquoi une telle charte était nécessaire. Il faut aussi remarquer que ces titres sont spécifiques à Tonga, à la différence de termes généraux comme *tui* qui sont largement répandus en Polynésie occidentale et qui de ce

fait reflètent probablement un complexe plus ancien et plus général. Cet aspect du système de biens prestigieux est ainsi très probablement un développement tardif. De plus, les données archéologiques relatives au commerce avec Fidji et Samoa (par lequel transitaient les biens prestigieux majeurs) laissent entendre que les débuts du modèle d'interaction observé par Cook et d'autres à la fin du XVIIIe siècle datent d'environ 1500 (p. ex. Davidson 1977, 1978 ; Kirch 1984). Ainsi, le problème est simplement qu'une situation typique des premiers contacts est prise comme modèle pour une préhistoire qui s'étend sur plusieurs millénaires.

Ma critique du travail de Friedman s'en tient aux questions théoriques : son article sur le Pacifique contient de nombreuses autres erreurs d'interprétation et des spéculations injustifiées que je ne relève pas ici.

3. Cela étant dit, les faits ne sont pas clairement établis : il semble que l'opinion des Tongiens du début du XIXe siècle était que l'assassinat qui déclencha la longue série de guerres civiles constituait une réaction au comportement despotique du chef qui en fut victime ; ils laissaient également entendre que les coutumes guerrières provenaient de l'influence fidjienne (Martin 1827, I : 77-80). Cela ne suffit pas à expliquer que ces faits ne se soient pas produits plus tôt et il est de ce fait très probable que le passage des explorateurs a contribué d'une manière ou d'une autre à cette transformation.

Chapitre 8

1. Dans l'analyse de Munn apparaît également une certaine forme de temporalité qui n'est pas historique : son analyse phénoménologique est centrée sur « l'espace-temps » intersubjectif mais ne dit que très peu de choses quant aux autres types de temporalité (cf. 1986 : 1-11).

2. La dévalorisation radicale des structures est une conséquence étrange de ces affirmations, dans la mesure où si ce « vaste schème » est capable de fournir un précédent à *toute* action, il peut très bien n'avoir joué aucun rôle structurant effectif.

3. Il s'agit bien sûr d'une conséquence plutôt que d'une relation logique nécessaire, puisqu'il n'y a aucune raison théorique pour que la doctrine du changement ne soit pas liée à une autre théorie de la causalité structurale des grandes transformations historiques. Mais

rien de tel n'est présent dans la théorie de Sahlins ni dans ses analyses monographiques.

CHAPITRE 9

1. Dans une discussion de l'« Énigme » anthropologique, Roy Wagner a noté en passant que le contexte des faits relevés par la description ethnographique devait être « tenu pour un résultat historique ou pour un "système" productif » (1986 : xiii). Si l'on considère l'histoire de l'anthropologie, comment pourrait-on poser autrement l'alternative ? Pourtant, avec d'autres façons d'écrire, le « contexte » pourrait également prendre la forme d'un système historique ou d'un résultat productif.

Bibliographie

Abréviations

BPBMB	Bernice P. Bishop Museum Bulletin
JPH	*Journal of Pacific History*
JPS	*Journal of the Polynesian Society*

Abel, C. W. [1902] *Savage life in New Guinea.* Londres : London Missionary Society.

Acar, Sébastian (1893-96) Journal. Dact., archives de la Congrégation des Sacrés Cœurs de Jésus et de Marie, Rome.

Adams, H. (1947) *Memoirs of the Ari'i Taimaie.* Paris : édition à compte d'auteur.

Alexander, Charlotte (1934) *William Patterson Alexander in Kentucky, the Marquesas, Hawaii.* Honolulu : édition à compte d'auteur.

Alexander, James (1895) *The islanders of the Pacific.* New York : American Tract Society.

Anonyme (1817) [Compte-rendu de Mariner : *Tonga Islands*]. *Monthly Review* 83 : 337-359.

Anonyme (1868) Among the Pacific Islanders [compte-rendu et extraits de E. H. Lamont, *Wild life among the Pacific Islanders* (Londres 1867)]. *Chamber's Journal,* janvier 1868 : 55-58

Armstrong, William (1838) A sketch of Marquesan character. *Hawaiian Spectator* 1 : 6-16

Asad, T. (éd.) (1973) *Anthropology and the colonial encounter.* Londres : Ithaca

Augé, Marc (1979) *Symbole, fonction, histoire.* Paris : Hachette.

Austin, Diane J. (1979) Symbols and culture : some philosophical assumptions in the work of Clifford Geertz. *Social Analysis* 3 : 45-59.

Banks, Joseph [1962] *The Endeavour journal of Joseph Banks,* 1768-1771 (J. C. Beaglehole éd.). Sydney : Public Library of New South Wales / Angus & Robertson.

Baré Jean-François (1985) *Le malentendu Pacifique.* Paris : Hachette.

– (1987) *Tahiti, les temps et les pouvoirs : pour une anthropologie historique du Tahiti post-européen.* Paris : Office de la Recherche Scientifique et Technique Outre-Mer.

Beaglehole, E. et P. Beaglehole (1938) *Ethnology of Pukapuka.* BPBMB 150.

Beaglehole, J. C. – voir à Cook.

Beattie, John (1965) *Understanding an african kingdom : Bunyoro.* New York : Holt, Rinehart & Winston.

Beckett, Jeremy (1987) *Torres Strait islanders : custom and colonialism.* Sydney : Cambridge University Press.

Beechey, F. W. (1831) *Narrative of a voyage to the Pacific... 1825-1828.* Londres : Colburn.

Bellwood, Peter (1978). *Man's conquest of the Pacific.* Sydney : Nelson.

Belshaw, C. S (1964) *Under the ivi tree.* Londres : Routledge.

Bloch, Maurice (éd.) (1975) *Marxist analyses in social anthropology.* Londres : Malaby.

– (1986) *From blessing to violence : history and ideology in the circumcision ritual of the Merina of Madagascar.* Cambridge : Cambridge University Press.

– (1987) [Compte rendu de V. Valeri, *Kingship and sacrifice*]. *Man* (ns) 22 : 218-219.

Borofsky, R. (1987) *Making history : Pukapukan and anthropological constructs of knowledge.* Cambridge : Cambridge University Press.

Bourdieu, Pierre (1972) *Esquisse d'une théorie de la pratique.* Genève : Droz.

– (1980) *Le sens pratique.* Paris : Éditions de Minuit.

Brewster, A. B. (1922) *The hill tribes of Fiji.* Londres : Seeley, Service & Co.
Buck, Peter H. (Te Rangi Hiroa) (1932a) *Ethnology of Manihiki and Rakahanga.* BPBMB 99.
– (1932b) *Ethnology of Tongareva.* BPBMB 92.
– (1934) *Mangaian society.* BPBMB 122.
– (1938) *An introduction to Polynesian anthropology.* BPBMB 187.
Burrows, E. G. (1936) *Ethnology of Futuna.* BPBMB 138.
– (1937) *Ethnology of Uvea.* BPBMB 145.
– (1939) *Western Polynesia : a study in cultural differentiation.* Gothenberg : Ethnological Studies.
Campbell, John (1840) *Maritime exploration and Christian missions.* Londres : John Snow.
Chaulet, Pierre (AMS = s.d.) Archipel des Marquises ou de Mendana. Supplément : les Marquises payennes, ms, archives du diocèse de Taiohae, Nukuhiva, Iles Marquises.
– (1873) Notices géographiques, ethnographiques et religieuses sur les îles Marquises, ms, archives de la Congrégation des Sacrés Cœurs de Jésus et de Marie, Rome.
Churchward, William (1887) *My consulate in Samoa.* Londres : Bentley.
Claessen, H. et P. Skalnik (1981) *The early state.* La Haye : Mouton.
Clifford, James (1986) Introduction : partial truths. Dans Clifford et Marcus (éds), *Writing culture.*
– (1988) *The predicament of culture.* Cambridge, Mass. : Harvard University Press. Traduction française :
Malaise dans la culture.
École Nationale des Beaux-Arts, 1996.
Clifford, James et George E. Marcus (éds) (1986) *Writing culture : the poetics and politics of ethnography.* Berkeley : University of California Press.
Clunie, Fergus (1986) *Yalo i Viti. Shades of Fiji : a Fiji Museum catalogue.* Suva : Fiji Museum.
Cohn, Bernard S. (1980) History and anthropology : the state of play. *Comparative Studies in Society and History* 22 : 198-221.
Cohn, N. (1970) *Pursuit of the millennium : revolutionary millenarianisms and mystical anarchists of the Middle Ages.* New York : Oxford University Press. Traduction française : *Les fanatiques de l'apocalypse.* Payot, 1983.

Comaroff, Jean (1985) *Body of power, spirit of resistance : the culture and history of a South African people.* Chicago : Chicago University Press.

Cook, James [1955] *The journals of Captain James Cook on his voyages of discovery. Volume I. The voyage of the Endeavour...* (J. C. Beaglehole éd.). Cambridge : Hakluyt Society.

– [1961] *The journals... Volume II. The voyage of the Resolution and Adventure,* 1772-1775 (J. C. Beaglehole). Cambridge : Hakluyt Society.

– [1967] *The journals... Volume III. The voyage of the Resolution and Discovery* (J. C. Beaglehole éd.). Cambridge : Hakluyt Society.

Crook, William Pascoe (1800) An account of the Marquesas Islands, ms, Mitchell Library, Sydney.

Darling, David (1834-1835) Journals at Vaitahu [Marquises], ms, South Seas Journals, collection du Council for World Mission, School of Oriental and African Studies, Londres.

Davenport, William H. (1986) Two kinds of value in the Eastern Solomon Islands. Dans Arjun Appadurai (éd.), *The social life of things.* Cambridge : Cambridge University Press.

Davidson, Janet (1977) Western Polynesia and Fiji : prehistoric contact, diffusion and differentiation in adjacent archipelagoes. *World Archaeology* 9 : 82-94.

– (1978) Western Polynesia and Fiji : the archaeological evidence. *Mankind* (numéro spécial, *Trade and exchange in Oceania and Australia,* J. Specht et J. P. White (éds)) 11 : 383-390.

Davidson, J. W. (1955 [1966]) Problems of Pacific history. *JPH* 1 : 5-21.

Dening, Greg (1980) *Islands and beaches. Discourse on a silent land : Marquesas 1774-1880.* Melbourne : Melbourne University Press.

– (1986) Possessing Tahiti. *Archaeology in Oceania* 21 : 103-118.

Dumont d'Urville, J. S. C. (1832) Sur les îles du Grand Océan. *Bulletin de la Société de Géographie* 17 : 1-21.

Dunnell, R. C. (1980) Evolutionary theory and archaeology. *Advances in Archaeological Method and Theory* 3 : 38-99.

Dupetit-Thouars, Abel (1840-1843) *Voyage autour du monde... 1836-1839.* Paris : Gide.

Eggan, Fred (1949) The Hopi and the lineage principle. Dans Fortes (éd.), *Social structure.*

Ekholm, Kajsa (1977) External exchange and the transformation of central African social systems. Dans Friedman et Rowlands (éds), *The evolution of social systems.*

– (1981 [1976]) On the structure and dynamics of global systems. Dans Joel S. Kahn et Josep R. Llobera (éds), *The anthropology of pre-capitalist societies.* Londres : Macmillan.

Elkin, A. P. (1956) A. R. Radcliffe-Brown, 1880-1955 [notice nécrologique]. *Oceania* 24 : 239-251.

Ellis, William (1829) *Polynesian researches.* Londres : Fisher & Jackson.

– (1831) *Polynesian researches* (édition en 4 volumes). Réimpression, Rutland, Vermont : Tuttle.

Evans-Pritchard, E. E. *(1949) The Sanusi of Cyrenaica.* Oxford : Oxford University Press.

– (1962) History and anthropology. Dans Evans-Pritchard, *Essays in social anthropology.* Londres : Faber & Faber. Traduction française : Anthropologie et histoire. Dans *Les anthropologues face à l'histoire et à la religion.* Presses Universitaires de France, 1974.

– (1981) *A history of anthropological thought.* Londres : Faber & Faber.

Fabian, Johannes (1983) *Time and the other : how anthropology makes its object.* New York : Columbia University Press.

– (1986) *Language and colonial power.* Cambridge : Cambridge University Press.

– (1990) Religious and secular colonization : common ground. *History and Anthropology* 4 : 339-355.

Firth, Raymond (1929) *Primitive economics of the New Zealand Maori.* New York : E. P. Dutton.

– (1936) *We, the Tikopia.* Londres : Allen & Unwin.

Flenley, J. P. (1979) Stratigraphic evidence of environmental change on Easter Island. *Asian Perspectives* 22 : 33-40.

Fleurieu, C. P. de C. (1801) *A voyage round the world performed during the years 1790, 1791 & 1792 by Etienne Marchand.* Londres : Longman Rees.

Fornander, A. (1878-1880) *An account of the Polynesian race.* Réimpression, Rutland, Vermont : Tuttle.

Forster, Johann Reinhold (1778) *Observations made during a voyage round the world.* Londres : Robinson.

– [1982] *The Resolution journal of Johann Reinhold Forster* (Michael E. Hoare éd.). Londres : Hakluyt Society.

Fortes, Meyer (1949a) Preface. Dans Fortes (éd.), *Social structure.*

– (1949b) *The web of kinship amongst the Tallensi.* Oxford : Oxford University Press.

– (éd.) (1949) *Social structure : studies presented to A. R. Radcliffe-Brown.* Oxford : Oxford University Press.

Foster, Robert J. (1987) Thick beyond description : ethnography and culture as trope [compte-rendu de Roy Wagner : *Asiwinarong* et *Symbols which stand for themselves* (1986)]. *Oceania* 58 : 148-156.

Fox, J. J. (1977) *Harvest of the palm.* Cambridge, Mass. : Harvard University Press.

Frankel, S. (1986) *The Huli response to illness.* Cambridge : Cambridge University Press.

Freeman, Derek (1983) *Margaret Mead and Samoa.* Canberra : Australian National University Press.

Friedman, Jonathan (1972) Marxism, structuralism and vulgar materialism. *Man* 9 : 444-469.

– (1981) Notes on structure and history in Oceania. *Folk* 23 : 275-295.

– (1985) Captain Cook, culture and the world system. *JPH* 20 : 191-201.

Friedman J. et M. J. Rowlands (éds) (1977) *The evolution of social systems.* Londres : Duckworth.

Geertz, Clifford (1968) *Islam observed.* Chicago : Chicago University Press. Traduction française : *Observer l'Islam.* Grasset, 1992.

– (1973) *The interpretation of cultures : essays in interpretive anthropology.* New York : Basic Books.

– (1980) *Negara : the theatre state in nineteenth-century Bali.* Princeton, NJ : Princeton University Press.

– (1983) *Local knowledge : further essays in interpretive anthropology.* New York : Basic Books. Traduction française : *Savoir local, savoir global.* Presses Universitaires de France, 1986.

Gewertz, Deborah (1983) *Sepik river societies.* New Haven : Yale University Press.

Giddens, Anthony (1979) *Central problems in social theory.* Londres : Macmillan.

– (1981) *A contemporary critique of historical materialism.* Londres : Macmillan.

Gifford, E. W. (1924) *Tongan myths and tales.* BPBMB 8.

– (1929) *Tongan society.* BPBMB 61.

Gill, William Wyatt (1876a) *Life in the southern isles.* Londres : Religious Tract Society.

– (1876b) *Myths and songs from the south Pacific.* Londres : King.

– (1894) *From darkness to light in Polynesia.* Réimpression, Suva : University of the South Pacific.

– (1916) *Rarotonga records.* New Plymouth, Nouvelle-Zélande : Polynesian Society.

Gilmour, James (1883) *Among the Mongols.* Londres : Religious Tract Society.

Gilson, Richard (1980) *The Cook Islands : 1820-1950.* Wellington : Victoria University Press.

Godelier, Maurice (1973) *Horizon, trajets marxistes en anthropologie.* Paris : F. Maspéro.

Goldman, Irving (1955) Status rivalry and cultural evolution in Polynesia. *American Anthropologist* 57 : 680-697.

– (1970) *Ancient Polynesian society.* Chicago : Chicago University Press.

Golson, Jack (1971) Lapita ware and its transformations. Dans R. Green et M. Kelly (éds), *Studies in Oceanic culture history.* Honolulu : BPBM.

Goodenough, Ward H. (1957) Oceania and the problem of controls in the study of cultural and human evolution. *JPS* 66 : 146-155.

Gunn, William (1914) *The Gospel in Futuna.* Londres : Hodder & Stoughton.

Gunson, Niel (1979) The *hau* concept of leadership in western Polynesia. *JPH* 14 : 28-49.

– (1982) Polynesian studies : a decade of Tahitian history. *JPH* 17 (supplément bibliographique) : 66-72.

Hale, Horatio (1846) *United States exploring expedition. Ethnology and philology.* Philadelphie : Lea & Blanchard.

Handy, E. S. C. (1923) *The native culture in the Marquesas.* BPBMB 9.

– (1930) *History and culture in the Society Islands.* BPBMB 79.
Handy, E. S. C. et M. K. Pukui (1958) *The Polynesian family system in Ka'u, Hawaii.* Willington : Polynesian Society.
Handy, W. C. (1923) *Tattooing in the Marquesas.* BPBMB 1.
– (1938) *L'art des îles Marquises.* Paris : Les éditions d'art et d'histoire.
– (1965) *Forever the land of men.* New York.
[Haweis, Thomas] (1798) On the Otaheitian sacrifice. *Evangelical Magazine,* février 1798 : 110-112.
Henry, Teuira (1928) *Ancient Tahiti.* BPBMB 48.
Hjarno, J. (1979/80) Social reproduction : towards an understanding of aboriginal Samoa. *Folk* 21-22 : 72-123.
Hoare, Michael E. (I976) *The tactless philosopher : Johann Reinhold Forster, 1729-1798.* Melbourne : Hawthorn Press.
Hogbin, H. Ian (1931) The social organization of Ontong Java. *Oceania* 1 : 399-425.
Hooper, Antony (1985) Introduction. Dans A. Hooper et J. Huntsman (éds) *Transformations of Polynesian culture.* Auckland : Polynesian Society.
Hooper, S. J. P. (1982) A study of valuables in the chiefdom of Lau, Fiji. Thèse de doctorat. University of Cambridge.
Howard, Alan (1972) Polynesian social stratification revisited : reflections on castles built of sand (and a few bits of coral). *American Anthropologist* 74 : 811-823.
Howe, K. R. (1984) *Where the waves fall : a new South Seas history from first settlement to colonial rule.* Sydney : Allen & Unwin.
Humphrey, Caroline (1982) *Karl Marx collective.* Cambridge : Cambridge University Press.
Im Thurn, E. et L. Wharton (éds) (1925) *The journal of William Lockerby... with other papers.* Londres : Hakluyt Society.
Ingold, Tim (1980) *Hunters, pastoralists and ranchers.* Cambridge : Cambridge University Press.
– (1986) *Evolution and social life.* Cambridge : Cambridge University Press.
IWGIA (1987) *International Work Group on Indigenous Affairs. Yearbook 1986.* Copenhague : IWGIA.
Jolly, Margaret (1987) The chimera of equality in Melanesia. *Mankind* (numéro spécial, *Equality and inequality*, I. Bedford, G. Bottomley et A. Hamilton (éds)) 17 : 168-183.

Kaeppler, Adrienne (1978) Exchange patterns in good and spouses : Fiji, Tonga and Samoa. *Mankind* (numéro spécial, *Trade and exchange in Oceania and Australia,* J. Specht et J. P. White (éds)) 11 : 246-252.

Kamakau, S. M . (1964) *Ka Po'e Kahiko : the people of old.* Honolulu : Bishop Museum Press.

Keesing, Roger M. (1985) Kwaio women speak : the micropolitics of autobiography in a Solomon Island society. *American Anthropologist* 87 : 27-39.

– (1987) Anthropology as interpretive quest. *Current Anthropology* 28 : 161-176.

Kekela, James (1854) Marquesas, island of Fatuhiva. *The Friend* 11 : 26-27.

Kent, Noel J. (1983) *Hawaii : islands under the influence.* New York : Monthly Review.

Kirch, Patrick Vinton (1984) *The evolution of the Polynesian chiefdoms.* Cambridge : Cambridge University Press.

– (1986) Rethinking east Polynesian prehistory. *JPS* 95 : 9-40.

– (éd.) (1986) *Island societies : archaeological approaches to evolution and transformation.* Cambridge : Cambridge University Press.

Kirch, Patrick Vinton et Roger C. Green (1987) History, phylogeny and evolution in Polynesia. *Current Anthropology* 28 : 431-456.

Krusenstern, A. J. von (1813) *Voyage round the world... 1803-1806.* Londres : John Murray.

Kuper, Adam (1973) *Anthropologists and anthropology : the British school 1922-1972.* Harmondsworth : Penguin.

La Fontaine, J. S. (1985) *Initiation.* Harmondsworth : Penguin.

Lakatos, I. et J. Musgrave (1970) *Criticism and the growth of knowledge.* Cambridge : Cambridge University Press.

Langham, Ian (1981) *The building of British social anthropology.* Dordrecht : Reidel.

La Pérouse, J. F. G. de (1797) *Voyage autour du monde...* Paris.

Latukefu, Sione (1970) King George Tupou I of Tonga. Dans J. W. Davidson et Deryck Scarr (éds), *Pacific islands portraits.* Canberra : Australian National University Press.

Lawson, Thomas (1868) Letter to Gulick, ms dans la collection Marquises, Hawaiian Mission Children's Society Library, Honolulu.

Leach, Edmund (1954) *Political systems of highland Burma.* Londres : Athlone. Traduction française : *Les systèmes politiques des hautes terres de Birmanie.* F. Maspéro, 1972.
– (1961) Golden bough or gilded twig ? *Daedalus,* Printemps 1961 : 371-386.
– (1973) *Custom, law and terrorist violence.* Édimbourg : Edinburgh University Press.
Leacock, Eleanor et Richard Lee (1982) *Politics and history in band societies.* Cambridge : Cambridge University Press.
Lederman, R. (1986) *What gifts engender.* Cambridge : Cambridge University Press.
Leenhardt, Maurice (1947) *Do kamo : la personne et le mythe dans le monde mélanesien.* Paris : Gallimard.
Lévi-Strauss, Claude (1958) Introduction : Histoire et ethnologie. Dans *Anthropologie structurale.* Paris : Plon.
– (1962) *La pensée sauvage.* Paris : Plon.
Lewis, I. M. (éd.) (1968) *History and social anthropology.* Londres : Tavistock Publications.
– (1986) *Religion in context : cults and charisma.* Cambridge : Cambridge University Press.
Linnekin, Jocelyn (1984) *Children of the land : exchange and status in a Hawaiian community.* New Brunswick : Rutgers University Press.
Linton, Ralph (1923) *The material culture of the Marquesas Islands.* BPBM 8.
– (1925) *Archaeology of the Marquesas Islands.* BPBMB 23.
– (1939) Marquesan culture. Dans Abram Kardiner, *The individual and his sociely.* New York : Columbia University Press. Traduction française : La culture des îles Marquises. Dans Abram Kardiner, *L'individu dans sa société.* Gallimard, 1969.
Lisiansky, U. (1814) *A voyage round the world...1803-1806.* Londres : John Booth.
Loeb, E. M. (1926) *History and traditions of Niue.* BPBMB 32.
Macgregor, Gordon (1937) *Ethnology of Tokelau.* BPBMB 146.
Macnaught, Timothy J. (1982) *The Fijian colonial experience.* Canberra : Research School of Pacific Studies, Australian National University.
Malinowski, Bronislaw (1922) *Argonauts of the western Pacific.* Londres : Routledge. Traduction française : *Les argonautes du Pacifique occidental.* Gallimard, 1963.

Malo, D. (1951) *Hawaiian antiquities.* Honolulu : Bernice P. Bishop Museum Special Publication.

Marcus, George E. et Michael J. J. Fischer (1986) *Anthropology as cultural critique.* Chicago : Chicago University Press.

Martin, John (1827) *An account of the natives of the Tonga Islands In the South Pacific Ocean... from the extensive communications ef Mr. William Mariner...* (troisième édition). Edimbourg : Constable.

Marzan, Jean de (1908) Sur quelques sociétés secrètes aux îles Fiji. *Anthropos* 3 : 718-728.

Maude, H. E. (1968) *Of islands and men.* Melbourne : Oxford University Press.

–(1982) *Slavers in paradise : the Peruvian labour trade in Polynesia, 1862-1863.* Canberra : Australian National University Press.

McCoy, P. (1979) Easter Island. Dans Jesse D. Jennings (éd.), *The Prehistory of Polynesia.* Canberra : Australian National University Press.

Mead, Margaret (1930) *The social organization of Manua.* BPBMB 76.

Métraux, Alfred (1940) *Ethnology of Easter Island.* BPBMB 160.

Moore, S. F. (1986) *Social facts and fabrications : « customary » law on Kilimanjaro, 1880-1980.* Cambridge : Cambridge University Press.

Moorehead, Alan (1968) *The fatal impact.* Harmondsworth : Penguin.

Morrison, James [1935] *The journal of James Morrison... together with an account of the island of Tahiti* (O. Rutter éd.). Londres : Golden Cockerel Press.

Morton-Williams, P. (1968) The Fulani penetration into Nupe and Yoruba in nineteenth century. Dans Lewis (éd.), *History and social anthropology.*

Mouat, F. J. (1863) *Adventures and researches among the Andaman Islanders.* Londres.

Munn, Nancy (1986) *The fame of Gawa.* Cambridge : Cambridge University Press.

Nayacakalou, R. (1975) *Leadership in Fiji.* Melbourne : Oxford University Press.

Needham, Rodney (1974) *Remarks and inventions : sceptical essays about kinship.* Londres : Chicago University Press.

Oliver, Douglas L. (1974) *Ancient Tahitian society.* Canberra : Australian National University Press.

Ollivier, Pacôme (1867) Lettre... [sur l'île de Pâques]. *Annales de la propagation de la foi* 39 : 250-259.

Ortner, Sherry B. (1981) Gender and sexuality in hierarchical societies : the case of Polynesia and some comparative implications. Dans Sherry B. Ortner et Harriet Whitehead (éds), *Sexual meanings : the cultural construction of gender and sexuality.* Cambridge : Cambridge University Press.

Palmer, J. Linton (1870) A visit to Easter Island or Rapa Nui in 1868. *Journal of the Royal Geographical Society* 40 : 167-181.

Parmentier, R. J. (1987) *The sacred remains : myth, history and polity in Belau.* Chicago : Chicago University Press.

Pawley, Andrew (1981) Melanesian diversity and Polynesian homogeneity : a unified explanation for language. Dans A. Pawley et J. Hollyman (éds), *Studies in Pacific languages and cultures in honour of Bruce Biggs.* Auckland : Linguistic Society of New Zealand.

Portman, M. V. (1899) *A history of our relations with the Andamanese.* Calcutta : Govt. Printer.

Radcliffe-Brown, A. R. (1922) *The Andaman Islanders.* Cambridge : Cambridge University Press.

– (1931) *The social organization of Australian tribes.* Sydney : Oceania Monographs.

Ralston, Caroline (1988) Ordinary women in early post-contact Hawaii. Dans M. Jolly et M. Macintyre (éds), *Family and gender in the Pacific : domestic contradictions and the colonial impact.* Cambridge : Cambridge University Press.

Robarts, Edward [1974] *The Marquesan journal of Edward Robarts* (G. Dening éd.). Canberra : Australian National University Press.

Roggeveen, Jacob (1722 [1908]) *Extracts from the official log of Mynheer J. Roggeveen (1721-1722)...* Dans Don Felipe Gonzalez y Haedo, *The voyage to Easter Island in 1770-1771* (B. Corney éd.). Londres : Hakluyt Society.

Rosaldo, R. (1980) *Ilongot headhunting, 1883-1974.* Stanford : Stanford University Press.

Routledge, Katherine Scoresby (1917) The bird cult of Easter Island. *Folklore* 28 : 337-355.

– (s.d.) Ethnology (volumes 1-2), ms, Royal Geographical Society.

– (s.d.) Notes [sur l'île de Pâques] (volumes 3-4), ms, Royal Geographical Society.

Rutherford, Noel (1977) *Friendly Islands : a history of Tonga.* Melbourne : Oxford University Press.

Ryazanov, N. P. (1825) [The first voyage of the Russians around the world]. *Otechestvennye Zapiski* 24 : 73-96; 386-396 (en russe).

Sagan, Eli (1985) *At the dawn of tyranny.* Londres : Faber & Faber.

Sahlins, Marshall (1958) *Social stratification in Polynesia.* Seattle : American Ethnological Society.

– (1962) *Moala : culture and nature on a Fijian island.* Ann Arbor : University of Michigan Press.

– (1981) *Historical metaphors and mythical realities : structure in the early history of the Sandwich Island kingdom.* Ann Arbor : University of Michigan Press.

– (1985a) *Islands of history.* Chicago : Chicago University Press. Traduction française : *Des îles dans l'histoire.* Gallimard-Le Seuil, 1989.

– (1985b) Hierarchy and humanity in Polyncsia. Dans A. Hooper et J. Huntsman (éds), *Transformations of Polynesian culture.* Auckland : Polynesian Society.

Ste Croix, G. E. M. de (1981) *The class struggle in the ancient Greek world.* Londres : Duckworth.

Seabrook, A. (s.d.) Rurutuan culture, ms, Bishop Museum.

Seddon, D. (éd.) (1978) *Relations of production.* Londres : F. Cass.

Service, E. R. (1975) *Origins of the state and civilization.* New York : Norton.

Shillibeer, J. (1817) *A narrative of the Briton's voyage to Pitcairn's Island.* Taunton : Marriot.

Shore, B. (1982) *Sala'ilua : a Samoan mystery.* New York : Columbia University Press.

Slayter, Thomas (1843) May meeting in the Samoas. *Missionary magazine and chronicle* 7 : 54.

Smith, Bernard (1960) *European vision and the South Pacific.* Oxford : Oxford University Press.

Spriggs, M. J. T. (1981) Vegetable kingdoms : taro irrigation and Pacific prehistory. Thèse de doctorat, Australian National University.

Stair, John B. (1897) *Old Samoa.* Londres : Religious Tract Society.
Stevenson, Robert Louis (1900) *In the South Seas.* Londres : Chatto & Windus. Traduction française : *Dans les mers du sud.* Gallimard, 1983.
Steward, J. (1955) *Theory of culture change.* Urbana : University of Illinois Press.
Stocking, George W. (1968) *Race, language and culture.* New York : Free Press.
– (1984) Radcliffe-Brown and British social anthropology. Dans Stocking (éd.), *Functionalism historicized : essays on British social anthropology* (History of Anthropology, vol. 2). Madison : University of Wisconsin Press.
– (éd.) (1985) *Objects and others : essays on museums and material culture* (History of anthropology, vol. 3). Madison : University of Wisconsin Press.
Stokes, J. F. (s.d.) Ethnology of Rapa, ms, Bishop Museum.
Tambiah, S. J. (1970) *Buddhism and the spirit cults in north-east Thailand.* Cambridge : Cambridge University Press.
Thomas, Keith (1971) *Religion and the decline of magic.* Harmondsworth : Penguin.
Thomas, Nicholas (1985) Forms of personification and prestations. *Mankind* 15 : 223-230.
– (1986a) "*Le roi de Tahuata*" : Iotete and the transformation of south Marquesan politics, 1826-1842. *JPH* 21 : 3-20.
– (1986b) Gender and social relations in Polynesia : a critical note. *Canberra Anthropology* 9 : 78-89.
– (1987) Complementarity and history : misrecognizing gender in the Pacific. *Oceania* 57 : 259-270.
– (1990) *Marquesan societies : inequality and political transformations in eastern Oceania.* Oxford : Oxford University Press.
– (1992a) Politicized values : the cultural dynamics of peripheral exchange. Dans Caroline Humphrey et Stephen Hugh-Jones (éds), *Barter, exchange and value.* Cambridge : Cambridge University Press.
– (1992b) Substantivization and anthropological discourse : the transformation of practices into institutions in neotraditional Pacific societies. Dans James W. Carrier (éd.), *History and tradition in Melanesian anthropology.* Berkeley : University of California Press.

Thompson, E. P. (1963) *The making of the English working class.* Harmondsworth : Penguin. Traduction française : *La formation de la classe ouvrière anglaise.* Gallimard-Le Seuil, 1988.

Thompson, Laura (1940) *Southern Lau : an ethnography.* BPBMB 162.

Thomson, Basil (1908) *The Fijians : a study in the decay of custom.* Londres : Macmillan.

Thomson, W. J. (1889) *Te Pito te Henua or Easter Island.* Dans US National Museum Annual Report : 447-552.

Tjibaou, J.-M. et P. Missotte (1976) *Kanaké, Mélanésien de Nouvelle-Calédonie.* Papeete : Les éditions du Pacifique.

Troost, C. P. (1829) *Aanteekeningen gehouden op eene reis om dem wereld... 1824-1876.* Rotterdam.

Turnbull, John (1813) *A voyage around the world... 1800-1804* (deuxième édition). Londres : A. Maxwell

Turner, George (I884) *Samoa a hundred years ago and long before.* Londres : J. Snow.

Urry, James (1983) [Compte-rendu de Langham, *The Building of British social anthropology*]. *Oceania* 53 : 400-402.

Valeri, Valerio (1985) *Kingship and sacrifice : ritual and society in ancient Hawaii.* Chicago : Chicago University Press.

Wagner, Roy (1986) *Asiwinarong : ethos, image and social power among the Usen Barok of New Ireland.* Princeton : Princeton University Press.

White, Caroline (1981) *Patrons and partisans : a study of two southern Italian comuni.* Cambridge : Cambridge University Press.

White, Isobel (1981) Mrs Bates and Mr Brown : an examination of Rodney Needham's allegations. *Oceania* 51 : 193-210.

Whittaker, Ian (1968) Tribal structure and national politics in Albania, 1910-1950. Dans Lewis (éd.), *History and social anthropology.*

Williams, Thomas (1884 [orig. 1858]) *Fiji and the Fijians.* Londres : T. Woolmer.

– [1931] *The journal of Thomas Williams, Fiji 1840-1853* (G. C. Henderson éd.). Sydney : Angus & Robertson.

Williamson, R. W. (1924) *The social and political systems of central Polynesia.* Cambridge : Cambridge University Press.

Wilson, William [et *al.*] (1799) *A missionary voyage in the southern Pacific Ocean...* 1796-1798. Londres : T. Chapman.

Wood, Michael (1982) Kamula social structure and ritual. Thèse de doctorat, Macquarie University.
Worsley, Peter (1957) *The trumpet shall sound : a study of « cargo » cults in Melanesia.* Londres : MacGibbon and Kee. Traduction française : *Elle sonnera, la trompette.* Payot, 1977.
Young, Michael W. (1983) *Magicians of Manumanua : living myth in Kalauna.* Berkeley : California University Press.

Bibliographie de la postface

Ballard, Chris (1992) *First contact as a non-event in the New Guinea highlands.* Texte présenté aux rencontres de l'American Anthropological Society, San Francisco, décembre 1992.

Carr, E. H. (1961) *What is history ?* Londres : Macmillan. Traduction française : *Qu'est-ce que l'histoire ?* La découverte, 1988.

Douglas, Bronwen (1995) Powers discourse, and the appropriation of God : Christianity and subversion in a Melanesian context. *History and anthropology* 9 : 57-92.

Fabian, Johannes (1991) Anthropology against time. *Transition* 1 (3) : 55-61.

Foster, Robert J (1995) *Social reproduction and history in Melanesia.* Cambridge : Cambridge University Press.

Frow, John (1995) *Cultural studies and cultural value.* Oxford : Oxford University Press.

Godelier, Maurice (1992) An unfinished attempt at reconstructing the social processes which may have prompted the transformation of great-men societies into big-men societies. Dans Maurice Godelier et Marilyn Strathern (éds) *Big men and great men. Personifications of power in Melanesia.* Cambridge : Cambridge University Press.

Hanlon, David (1992) Time is history ? *Pacific Studies* 15 : 118-122.

Pels, Peter et Oscar Salemink (éds) (1994) *Colonial ethnographies.* Numéro spécial de *History and Anthropology*, 8.

Sahlins, Marshall (1995) *How "natives" think, about Captain Cook, for example.* Chicago : University of Chicago Press.

Shore, Bradd (1992) Out of tune. *Pacific Studies* 15 : 122-135.

Sissons, Jeffrey (1989) The seasonality of power : the Rarotongan legend of Tangiia. *Jounal of the Polynesian Society* 98 : 331-347.

Strathern, Marilyn (1990) Artefacts of history : events and the interpretation of images. Dans Jukka Siikala (éd.), *Culture and history in the Pacific.* Helsinki : Transactions of the Finnish Anthropological Society.

Thomas, Nicholas (1991) *Entangled objects : exchange, material culture and colonialism in the Pacific.* Cambridge, Mass. : Harvard University Press.

– (1992a) Colonial conversions : difference, hierarchy, and history in early twentieth century evangelical propaganda *Comparative Studies in Society and History* 34 (2) : 366-389.

– (1992b) Historical anthropology and the politics of critique. *Pacific Studies* 15 : 142-158.

Index des noms propres

G

H

I

J

K

L

M

N

P

Table des matières

Imprimé en France par Darantiere - N° d'impression : 98-0941
N° d'édition : 2363-01 - Dépôt légal : septembre 1998